国家自然科学基金青年科学基金项目(52204214)资助
中国博士后基金面上项目(2023M741502)资助

采煤机多自由度耦合振动特性分析与实验研究

杨辛未 著

中国矿业大学出版社
·徐州·

内容提要

采煤机作为综采工作面中的关键装备之一，其整机的动态特性与稳定性直接影响整综采工作面的综合经济效益，而采煤机各关键零部件间的接触特性又直接影响着采煤整机的动态特性。本书系统介绍了含间隙摩擦碰撞的结合面间接触以及动态特性、多体动力学、采煤机整机及其关键零部件动态特性的现状。重点介绍了基于实验测试方法构建含有牵引速度修正采煤机滚筒载荷模型，并以此模型为激励介绍了结合面接触碰撞影响下13自由度的采煤机整机牵引-摇摆、竖直-俯仰、斜切工况下的动态特性以及包含采煤机-刮板输送机接触特性的整机模态，并且针对采煤机整机的动态特性研究介绍了相关的实验方法。

本书可作为煤矿院校机械工程专业高年级本科生、研究生的教学参考书，也可供从事相关专业的工程技术和科研人员阅读参考。

图书在版编目(CIP)数据

采煤机多自由度耦合振动特性分析与实验研究 / 杨辛未著. —徐州：中国矿业大学出版社，2024.6

ISBN 978-7-5646-6186-1

Ⅰ. ①采… Ⅱ. ①杨… Ⅲ. ①采煤机—振动试验—研究 Ⅳ. ①TD421.6

中国国家版本馆CIP数据核字(2024)第053908号

书　　名　采煤机多自由度耦合振动特性分析与实验研究
著　　者　杨辛未
责任编辑　仓小金
出版发行　中国矿业大学出版社有限责任公司
（江苏省徐州市解放南路　邮编 221008）
营销热线　(0516)83885370　83884103
出版服务　(0516)83995789　83884920
网　　址　http://www.cumtp.com　**E-mail**:cumtpvip@cumtp.com
印　　刷　徐州中矿大印发科技有限公司
开　　本　787 mm×1092 mm　1/16　**印张** 7　**字数** 179 千字
版次印次　2024年6月第1版　2024年6月第1次印刷
定　　价　48.00元
（图书出现印装质量问题，本社负责调换）

前　言

煤炭是我国重要的能源，其在我国能源体系中扮演着“压舱石”和“稳定器”的角色，对国家能源安全的保障与国民经济的稳定发展至关重要。考虑到我国“富煤、贫油、少气”的资源禀赋以及新能源发展状况，煤炭资源仍将在较长时期内作为我国的基础型、主导型能源。改革开放以来，我国煤炭工业全面发展以综合机械化为标志的现代开采技术，经历了从人工炮采、机械化、自动化到数字化的历史性转变。现今在“中国制造 2025”战略背景下建设智能矿山、发展智能化开采符合国家战略，也是煤炭工业发展的必由之路。随着 2020 年 3 月八部委联合出台的《关于加快煤矿智能化发展的指导意见》首次从国家层面确立了煤矿智能化在煤炭工业高质量发展中的核心地位，为煤矿智能化发展提出了具体目标、任务和保障措施，而后国家支持政策密集出台，各省市加速跟进，智能矿山建设的政策东风已至。而煤矿智能化的建设离不开智能设备及智能监测系统。采煤机作为煤炭开采的重要设备，若其发生故障导致停机将严重影响矿井生产效率，据《煤矿智能化建设指南(2021 版)》，井工煤矿的智能化建设就包括智能采煤系统。采煤机作为重要的煤炭开采装备，其可靠性、稳定性直接决定了煤炭的开采效率，影响着煤矿智能化建设的进程。

本书构建了含有牵引速度修正采煤机滚筒载荷模型，并以此为激励模型分别构建了多自由度的采煤机牵引-摇摆耦合动力学模型、竖直-俯仰耦合动力学模型、斜切工况下的动力学模型，研究了采煤机不同运行参数下的整机及其关键零部件的动态特性；构建了含有采煤机-刮板输送机接触特性的整机有限元分析模型，对整机的模态进行了分析；介绍了国际首个 1:1 模拟煤矿井下实际工况的综采成套装备力学性能测试平台，研究了采煤机整机力学性能测试方法与技术。

全书共分 7 章，系统介绍了：① 含间隙摩擦碰撞的结合面间接触以及动态特性、多体动力学、采煤机整机及其关键零部件动态特性的现状；② 含有牵引速度修正采煤机滚筒载荷模型构建方法；③ 采煤机牵引-摇摆耦合动力学特性；④ 采煤机竖直-俯仰耦合动力学特性；⑤ 斜切工况下采煤机动力学特性；⑥ 采煤机整机模态特征；⑦ 采煤机力学特性实验测试。

本书是在国家自然科学基金青年科学基金项目“煤粉界面影响下采煤机行走系统开-闭复合轮系稳定性演变机理”(编号:52204214)、中国博士后基金面上项目“潮湿煤粉影响下采煤机行走系统动力学行为机理研究”（编号：2023M741502）、辽宁工程技术大学鄂尔多斯研究院校地培育项目（编号：YJY-XD-2023-009）、辽宁工程技术大学青年教师提升计划拔尖人才项目的共同资助下完成的，在此对国家自然科学基金委、中国博士后基金委、辽宁工程技术大学的资助表示衷心感谢！

由于作者学识水平所限，书中不足之处在所难免，殷切希望读者批评指正、不吝赐教。

著　者

2024 年 1 月

目　录

1 绪 论

1.1 含间隙摩擦系统建模及动态特性研究现状

J. L. Dion 等采用数值分析方法，建立了一款汽车变速箱齿轮传动系统的拓扑接触模型，对变速箱中驱动轴的能量激励和自然冲击间的关系进行了研究，并通过实验对所建立的模型进行了验证，得到了该款汽车变速箱齿轮传动系统，该系统在一定的激励作用条件下，仅在齿轮啮合的一侧出现反复冲击的现象。P. Velexn 等依据库伦摩擦理论，对斜齿轮和直齿轮在含有接触摩擦条件下的动态特性进行了研究分析，得到了当齿轮的重合度较高时，接触摩擦对齿轮的动态特性影响效果显著的结论。F. K. Choy 等采用模态分析方法，对齿轮箱中传统系统各阶的振动微分方程进行了组装，并对其动态响应特性进行了求解，研究表明，采用模态激励函数的求解方法，能够较准确得到齿轮箱传动系统的频域信号，为在齿轮传动系统的改进和优化提供了理论依据。Yang 等综合考虑了齿轮在啮合过程中的时变啮合刚度与啮合间隙，并建立了机械臂关键传动系统的动力学模型，分析了不同设计参数条件下，传动系统的非线性动态特性。Han 等基于断裂力学理论，考虑了传动轴裂纹的条件，并采用有限元分析方法，建立了平行轴齿轮传动系统的动力学模型，得到了稳态和非稳态工况下，裂纹类型与运动参数对传动系统动态特性的影响。Besharati 等考虑了非对称齿侧间隙等因素，建立了齿轮-齿条的非线性动力学模型，得到了预紧载荷与传动系统动态响应的关系。Ouyang 等采用数值求解方法，对所建立的胶印机单对滚筒-轴承-齿轮的动力学模型进行求解，得到了滚筒的转速、齿轮的啮合刚度、齿侧间隙对其传动系统动态特性的影响。Fargère 等采用数值分析方法，对传动系统的齿轮-滑动轴承的热-固耦合动力学模型进行求解分析，得到了齿侧间隙与啮合温度对传动系统的动态响应的影响规律。Kahraman 通过对双排行星轮扭转动力学模型的求解，对其固有特性进行了分析。Guo 等对复合行星轮系传动系统的啮合相位与固有特性关系进行了分析研究。Kiracof 等通过对复合行星轮系模型的求解，得到了其传动系统的固有特性，并对其物理意义进行了阐述。Tsuta 等分析了齿侧间隙与时变刚度对齿轮传动系统的动态响应的规律。Lin 等通过对两个自由度齿轮传动系统动力学模型的建立，求解得到了直线和抛物线两种不同的修形方式对齿轮动载荷影响的曲线。Hu 等采用傅立叶级数对齿轮啮合刚度进行了描述，并建立了 6 个自由度的齿轮副传动系统的动力模型，分别分析了传动系统的非线性动态响应以及啮合刚度对传动系统动态响应的影响。

黄晓东等采用集中参数法，建立了胶印机多级平行轴滚筒齿轮的动力学模型，并应用数值求解方法，得到了齿轮传动系统的动态特性，采用联合仿真技术对其计算结果的准确性进行了验证，并得到了螺旋角、压力角与其传动系统齿轮啮合刚度的关系。李国彦等采用集中参数法，对两级行星轮系建立了平移-扭转耦合动力学模型，并基于断裂力学理论，分析了时变啮合刚度以及裂纹齿轮等因素对传动系统的固有频率的影响。杨柳等综合考虑了齿轮啮合刚度、轴承支撑刚度等因素，并再用数值分析方法对所建立的机车传动系统的动力学模型进行求解，得到了轴承支撑刚度、齿轮啮合刚度以及轮轨接触力的变化对其传动系统动态响应的影响规律。并结合传动系统各故障特征类型，解释了其动态响应与故障特性的关系。李春明综合考虑了齿廓修形、轮辐刚度以及齿轮实际的运动状态，采用数值分析方法对所建立的车辆传动系统的横-扭-摆刚柔耦合非线性动力学模型进行了求解，得到了转速、转矩、齿轮修形对齿轮动载荷变化影响的曲线。冯光烁等综合考虑了接触间隙、时变刚度以及传动误差等因素，建立了齿轮副扭转振动模型，运用联合仿真技术对该模型进行了验证，并分析得到了啮合间隙和刚度、传动误差以及扭矩波动等因素对齿轮副传动系统的动态响应的影响。耿智博等采用数值分析方法对所建立的弯-扭耦合的 6 自由度汽车变速器齿轮传动系统的动力学模型求解，并对其动态响应进行了分析后对其进行了优化。王逸龙等采用集中参数法，建立了转子-齿轮传动系统的弯-扭耦合动力学模型，运用数值分析方法得到了安装刚度与阻尼以及摩擦力等因素对传动系统动态特性影响的曲线。任红军等采用集中参数法，并综合考虑刚度、齿侧间隙以及传动误差等因素，建立了五平行轴压缩机齿轮传动系统的动力学模型，采用数值分析方法分析了啮合频率以及工作负载对其传动系统动态响应的影响。欧阳天成等通过考虑齿轮的啮合刚度和阻尼、传递误差等因素建立了胶印机齿轮传动系统的动力模型，并对其系统进行动态优化设计，采用数值分析方法，对其优化后的传动系统动态响应效果进行了分析。罗自荣等基于接触碰撞理论，建立了齿轮接触动力学模型，并应用联合仿真技术分析研究了不同传递间隙条件下的振动和频率特性。刘彦雪等采用有限元分析方法，模拟仿真了齿轮动态啮合过程，得到了齿轮在啮合过程中的动态响应，分析了不同因素对齿轮啮合载荷的影响，并通过实验对所建立的模型进行了验证。张玲玉等采用改进势能法对齿轮啮合刚度进行了描述，并建立了 6 自由度的非标齿轮传动系统的动力学模型，运用数值分析方法得到了齿根裂纹与啮合刚度、系统的频率信号、时域信号变化的关系，为齿轮传动系统的故障诊断提供了依据。白恩军等利用有限元分析方法，对存在齿轮轴变形影响条件下的斜齿轮传动系统的接触动态特性进行了分析，得到了齿轮轴变形影响条件下传动系统的载荷、接触应力以及齿根弯曲应力分布曲线。张慧博等通过建立的齿轮转子系统的动力学模型，并采用数值分析方法对系统的接触碰撞和扭转振动进行了描述，得到了径向间隙与侧向间隙对传动系统动态特性的影响规律。荀向锋等综合考虑了齿面接触温度、齿侧间隙、接触摩擦、接触刚度、啮合误差等因素，建立了单级直齿圆柱齿轮传递系统的非线性动力学模型，并基于 Block 闪温理论和 Hertz 接触理论，对齿面接触温度以及啮合刚度进行了描述，得到了齿面接触温度对其传动系统的动态响应影响的曲线。冯海生等基于多体动力学软件，建立了柔性齿轮传动系统的动力学模型，并运用 Hertz 接触理论对传动系统的接触特性进行了描述，得到了变工况下的系统动态响应，以及不同工况条件下对系统动态特性影响规律。马辉等基于现有的对齿轮啮合刚度的研究，提出了一种基于改进能量算法直齿轮的时变刚度描述方法，并验证了该方法计算的准确性。王靖岳等建立了在低频外激励、齿侧间隙、啮合刚度等因素影响下，3 自由度的直齿轮传动系统的动力学模型，采用数值分析方法得到了在啮合频率影响下，系统的稳定特性与分岔特性。常乐浩等运用有限元分析法和 Hertz 接触理论，提出了一种齿轮啮合刚度改进的描述方法，并通过对比分析，验证了该方法的可靠性。张义民等采用有限元分析方法，对齿轮副啮合过程进行仿真求解，得到了变位系数对除啮合频率外的其他频率成分的影响特性，通过对比分析得到了，动态传递误差与静态传递误差二者存在差异的本质区别。王成等综合考虑了齿轮啮入冲击激励、误差激励、时变刚度激励，运用集中参数法，建立了三维空间、12 自由度的人字齿轮耦合动力学模型，并应用数值求解方法，得到了系统的振动响应和动态特性。符升平等建立了多级齿轮传动系统的刚柔耦合动力学模型，并基于 Hertz 接触理论对其啮合力进行了描述，分析了齿轮时变啮合力对传动系统的动态响应影响。黄中华等建立了一对渐开线齿轮传动系统的动力学模型，并采用 Hertz 接触理论对其啮合碰撞力进行了描述，分析了传动系统的碰撞力变化规律与频谱特征，得到了碰撞力对频率特征影响的规律。

1.2 结合面接触描述及其系统动态特性研究现状

Ren Y 与 Ibrahim R A 等考虑结合面接触特性对系统动态特性的影响，得到了结合面的动态特性对机械系统的动态特性有着重要影响的结论。Mehdi Namazi 等采用频率响应测试方法对机床主轴-刀柄结合面刚度进行了描述，并对刚度模型进行了验证，得到了准确的机床系统的动力学模型。Moha mmad R. Movahhedy 等基于遗传优化算法对所建立的机床主轴-刀柄结合面动力学模型进行了刚度参数的识别。Budak 和 Özsahin 等应用阻抗耦合子结构分析法，以及测试刀尖点频率响应函数，建立了识别结合部参数的机床主轴-刀柄-刀具的系统动力学模型。Yang 等运用有限元分析法以及模态实验分析技术，采用传递函数分析方法，对机械结构的结合面的动态特性参数进行识别。Dhupia 等基于阻抗耦合理论，建立了铣床的立柱-主轴的非线性动力学模型，分析得到了结合面的非线性特性会引起系统的固有频率和相应的共振峰值的变化。Feng 等结合预紧力可调整的因素，建立了机床的滚珠-丝杠结合部进给系统的动力学模型，并对螺母的动态特性进行了分析。Ching 等考虑了导轨结合面预紧力的因素，建立了立式机床立柱-主轴箱系统的动力学模型，得到了预紧力对其动态特性的影响。

李玲等考虑了结合面本身的迟滞特性，建立了结合面的 Bouc-Wen 模型，采用了位移和力两种不同的控制方式以及数值分析方法，分别对该模型的灵敏性进行了测试，同时分析了两种控制方式下，不同噪声扰动对模型的识别参数的影响，进而验证了模型的迟滞非线性的合理性以及运用等效线性化的辨识方法的正确性。汪振华等为获得结合面的动态特性参数，建立了消除基础位移的单自由度振动系统的结合面动态特性参数的测试模型以及测试系统，并将测试模型与结合面频率响应、模态振型曲线结合的方式对固有频率进行识别，最后对所建立的结合面测试模型进行了验证。高相胜等基于经典弹性理论与吉村允孝积分法，对高速旋转下的主轴-刀柄结合面刚度进行了描述，并建立了主轴-刀具耦合系统动力学模型，采用数值分析方法对动力学模型进行了求解分析，得到了结合面刚度的变化对系统动态特性影响的关系。程序等基于子结构综合法以及机械阻抗凝聚理论，建立了加工中心机床滚珠丝杠结合面动力学模型，识别出不同工况条件下，不同外载荷与不同预紧力情况时的结合面动态特性参数。李磊等基于模态理论，并运用拉格朗日动力学方程，建立了一种直线滚动导轨的动力学模型，采用数值分析方法求解了系统的前五阶的固有频率，并通过模态实验进行了验证，得到了外部激励和预紧力对系统动态特性的影响。李小彭等采用有限元分析方法，首先证明结合面接触特性对组合梁的动态特性是有影响的，并运用单变量法对组合梁动力学模型进行了求解，得到了结合面的法向载荷和摩擦系数对组合梁动态特性影响的规律，最后通过模态实验对模型进行了验证。刘海涛等基于有限元分析方法，建立了高速机床进给系统的动力学模型，得到了不同因素影响下系统模态参数的变化规律，并进行了合理的刚度匹配。王立华等基于有限元分析方法，采用优化设计理论以及模态试验方法，对一铣床的关键部件结合面的接触特性参数进行了识别，得到了结合面接触特性参数对相关部件的动态特性影响曲线。许丹等运用联合仿真技术，并基于有限元分析方法和多体动力学理论，通过考虑自身的重力和切削力，得到了龙门式加工中心导轨与滑块结合面间的接触特性，并采用动态测试与参数识别方法对其接触特性进行了描述，最后得到了该加工中心的横梁滑箱系统的动态响应。曹宏瑞等通过对一种机床-主轴系统耦合动力学模型的结合面动态特性参数辨识问题的指出，提出了一种基于频率响应函数理论的有限元模型修正技术，最后通过实验方法对所提出的有限元模型修正技术进行了验证。

1.3 多体系统动力学研究现状

Liang 等建立了机床进给系统以及整机的动力学模型，得到了结合面的预紧力对整机以及进给系统的动态刚度影响。Jui 等考虑了导轨接触特性因素，建立了立式机床的整机动力学模型，得到了导轨的预紧力对整机动态特性影响的规律。Cao 等建立了刀具-刀柄-主轴-机床整机系统的耦合动力学模型，并采用试验方法对主轴与机床结合面的接触特性进行了描述，并对高速主轴的加工性能进行了预测仿真。Huo 等和 Zhu 等基于联合仿真技术，对 TBM 刀盘系统的运动行为以及动态特性进行了求解和分析，分析结果为刀盘的结构设计及优化提供指导。Sun 等综合考虑了多种复杂因素影响下，基于集中参数法建立了分体式 TBM 刀盘系统耦合动力学模型，并对在空间多点载荷冲击和存在内部激励条件影响下的刀盘系统的动态特性进行了求解分析。Li 等基于集中参数法，建立了 TBM 驱动刀盘系统的广义非线性动力学模型，并采用状态空间理论对模型进行求解，分析了系统的参数对刀盘系统的动态响应影响。Zhang 等和 Li 等采用集中参数法建立了 TBM 刀盘主驱动动力学模型以及多体耦合的盾构机系统的动力学模型，分析了复杂地质条件回转系统以及整机动态响应参数影响的规律。Park 等采用静动态特性分析方法，得到了机床整机的刚度与结构参数的关系，并应用有限元分析软件对不同结构尺寸的机床进行了模态求解，最后确定了机床的最优尺寸。Huo 等采用有限元分析软件，对两种不同结构的机床整体进行了静动态特性分析。

王禹林等考虑了结合面的接触特性，建立了大型磨床整机的动力学模型，采用弹簧阻尼单元以及吉村允孝理论对结合面接触特性进行了描述，并采用有限元分析方法，得到了整机静动特性的薄弱环节，通过对结合面刚度的优化，进而对整机静动特性进行了改善。刘海涛等基于单体结构动力学分析理论，考虑了结合面的接触特性，建立了机床整机的动力学模型，运用摄动理论分析了结合面接触特性参数的变化对机床整机的质量、刚度和阻尼矩阵的影响，并得到了整机刚度矩阵的摄动对整体动态特性影响的规律，最后对整机特征值的灵敏度进行了分析以及定量化动态优化设计；通过所提出的机床广义模态与广义刚度场的概念，采用有限元分析方法，分别建立了三轴龙门式和四轴立式机床的整机动力学模型，并对其进行模态分析和动力响应分析，分别建立广义模态与广义刚度场函数，最后得到广义模态函数能为三轴龙门式机床的性能优化提供完整的信息，通过对四轴立式机床的广义刚度场函数分析，能得到刀具的最优姿态。张广鹏等基于集中参数法以及子结构合成理论，建立机床整机系统的动力学模型，对其结合面的动态特性参数进行了描述，并编制了整机动态性能预测解析软件，最后通过实验对所建立的模型和编制的软件进行了验证。刘阳等采用有限元分析方法，并采用实验方法获取了 CKS6116 静、动特性的各项动态参数，得到了在导轨结合面接触特性参数影响下的各阶模态的振型和固有频率，最后通过对整机的激振试验，验证了仿真的准确性。凌静秀等通过对已有的 TBM 刀盘多自由度耦合系统动力学模型的求解，得到了刀盘中各零部件的模态能量分布，区分了各阶模态振型，并对模态敏感参数进行了识别，最后对前十阶频率响应进行了分析；并以某供水工程 TBM 刀盘系统作为研究对象，分析了刀盘结构参数和运动参数对刀盘系统动态特性的影响。唐国文等采用集中参数法建立了 TBM 掘进系统的动力学模型，并基于不确定理论对地层参数进行了描述，得到了不同地质参数条件下系统的动态响应参数。关佳亮等采用有限元分析软件，对大直径菲涅耳透镜模具加工机床进行静动态特性分析，找出了机床整机的薄弱环节，并基于模态分析法，得到了整机结构的模态频率与振型的关系，最后提出了优化方案，从而加强了机床整体的刚度。何勇攀等基于火箭发动机内的弹道模型完善了燃气发射器工作过程的数学模型，采用数值分析方法，对典型飞行弹道下系统各工作参数的变化过程进行了分析。张东升等基于集中参数法，建立了刮板输送机的动力学模型，综合考虑了物料的分布特点以及有无侧载条件下的链条受力情况，对不同工况下系统的动态特性进行了求解，最后通过实验方法对求解的结果进行了验证。毛君等综合考虑了刮板输送机各零部件间的连接特性以及与物料之间的接触特性，建立刮板输送机系统多自由度的动力学模型，并采用多领域仿真软件求解了不同工况以及不同结构参数条件下的系统动态响应参数，得到了功率平衡效果最好情况下的工况条件以及结构参数；采用有限元分析方法，对故障载荷条件下系统的动态特性响应参数进行了求解分析；同时对刮板输送机链条体系不同位置的动态响应参数进行了求解。陈无畏等利用有限元分析软件，对某皮卡车架进行了模态分析，并采用多目标遗传算法以及 Kriging 模型对车架的轻量化和刚度进行了提升，最后采用实验方法验证了优化方案的有效性。邓聪颖等提出了基于响应面理论对数控机床动态特性研究方法，分析了机床整机的动态响应参数与空间姿态的数学关系，揭示了工作条件下机床动态响应参数的规律，确定了机床最优的加工位姿和加工路线，最后采用有限软分析软件对所建立的数学模型进行了验证。王勇等[96]建立了多自由度车-座椅-人系统的耦合动力学模型，采用数值分析方法，得到了系统受到路面冲击载荷以及随机激励条件下的动态响应参数。谢春雪等建立了多自由度的刮板输送机动力学模型，采用数值分析方法得到了不同工况下刮板输送机系统的动态响应参数，最后采用实验方法对所建立的动力学模型进行了验证。麻小明等采用数值分析方法对所建立的路面随机激励函数进行了验证，并利用集中参数法建立了车载武器多自由度的动力学模型，采用虚拟样机技术得到了系统在不同工况下的动态响应特性。刘媛媛等通过建立岸桥起升机构的动力学模型，得到了系统的起升负载，并综合考虑了传动系统的啮合特性与支撑特性，建立了起升机构传动系统的多自由度耦合动力学模型，应用数值分析方法得到了不同工况下系统中各构件的动态响应特性。殷超等建立了摊铺机熨平板的动力学模型，采用数值分析方法以及虚拟样机技术，得到了熨平板箱体的振动器频率与振幅之间的关系，进而研究了振捣锤的振动频率与对沥青料压力的关系，最后基于模态叠加理论，得到了不同工况下熨平板的振动形态。孟凡刚等基于修生的库伦摩擦力理论，建立了含有间隙的连杆传动机构的动力学模型，并将冲击载荷作为外激励，采用数值分析方法，得到了传动系统的动态响应参数，最后通过实验方法进行了验证。崔振新等采用实验方法对所建立的CH-53D直升机的动力学模型进行了验证，并基于分离原则建立了直升机在重载和空投两阶段的系统动力学模型，并对不同方式空投的工况进行了配平仿真，得到了不同空投工况对直升机姿态参数的影响。谢苗等通过建立的刮板输送机系统的动力学模型，综合考虑了多种因素影响，采用数值分析方法，得到了不同工况下刮板输送机系统的动态响应参数。

1.4 采煤机动态特性研究

Yang等采用集中质量法，建立了含有调高油缸的采煤机截割部竖直方向的动力学模型，通过数值分析方法，得到了采煤机调高油缸的支撑特性对截割部系统的振动特性影响的规律，增大调高油缸的阻尼可以减缓系统的振动，并且能提高调高过程的稳定性。Liu等建立了包含电机的采煤机截割部的机-电耦合动力学模型，并将滚筒载荷作为外激励，基于数值方法求解得到了系统的在滚筒载荷冲击作用下的动态响应曲线。Shu综合考虑了采煤机截割部传动系统的齿轮制造误差，建立了截割部齿轮传递系统的动力学模型，求解得到了传动系统的动态响应参数。Dolipski以KSW-500型采煤机作为研究载体，建立了截割系统的动力学模型，采用数值求解方法得到了齿轮传动系统的啮合冲击力的响应规律。

杨阳等利用集中参数法建立了含有截割电子转子的采煤机摇臂传动系统的平移-扭转耦合的动力学模型，通过AMESim软件得到了系统的动态响应参数，发现采用变速截割原理对摇臂齿轮传递系统的齿轮副之间的接触冲击力较小；同时通过对所建立的采煤机截割系统的电液耦合动力学模型的求解，得到了截割系统中的泵流量对截割系统的振动特性有显著的影响，并且采用数值分析方法对系统的固有特性进行了分析。刘长钊建立了采煤机滚筒-摇臂截割系统的机-电耦合的动力学模型，并将滚筒载荷作为外激励，采用数值分析方法得到了传动系统中电机、齿轮的连接特性以及齿轮副间的啮合特性对系统动态特性影响的曲线，为减小齿轮传递系统的啮合冲击力提出了优化方案。贾涵杰等基于变形协调原理，建立了采煤机截割部的摇臂壳体-齿轮传递系统的动力学模型，通过有限元分析软件对引起齿轮副之间啮合齿向误差进行了溯源分析。周笛等综合考虑了牵引部齿轮传递系统的时变啮合刚度、非线性侧隙等因素，采用集中参数法，建立了采煤机牵引部齿轮传动系统的动力学模型，采用数值分析方法，求解得到了系统的运动参数、结构参数以及材料参数对传动系统动态响应影响的规律。张义民等以MG500/1180-WD型采煤机作为研究对象，采用虚拟样机技术，对采煤机摇臂壳体进行了模态分析，得到了摇臂壳体的固有频率及其主振型，并通过模态实验对仿真结果进行了验证，最后通过改变摇臂壳体的壁厚，模拟仿真得到了摇臂壳体的固有频率及其主振型的变化规律。张睿等采用有限元分析软件，得到了采煤机摇臂的固有特性，用过实验方法对采煤机摇臂的振动特性参数进行了采集，并对其时域和频域进行了分析，得到了摇臂的齿轮传递系统的啮频耦合规律。易圆圆等综合考虑了采煤机齿轮传递系统的驱动电机特性，齿轮副间的时变啮合刚度、齿侧隙，采煤机滚筒截割载荷的变化以及传动系统的扭振等因素，建立了含有驱动电机的采煤机截割-牵引部齿轮传递系统的机-电耦合动力学模型,采用 MATLAB/Simulink 求解得到了系统在不同工况下的瞬态响应参数,最后采用实验方法对模型进行了验证。赵丽娟等采用虚拟样机技术,建立了采煤机系统的刚柔耦合动力学模型,并将薄煤层下滚筒载荷作为系统的外激励,对采煤机系统的动态特性响应参数进行了求解,并采用子结构模态理论,对采煤机壳体的危险应力点与振动特性的相关性进了分析,确定了采煤机牵引部壳体的高应力区及其结构疲劳性质;并且对采煤机摇臂壳体以及截割部齿轮传递系统进行了分析,找出了容易被激发的摇臂壳体模态参数和主要振型,以及得到了传动系统中各级齿轮的动态等效应力。毛君等采用集中参数法和多体动力学理论,分别建立了采煤机系统在竖直方向上、侧向的动力学模型,利用数值分析方法求解得到了不同煤岩硬度、不同牵引速度、不同举升角对采煤机系统振动特性的影响,并采用实验方法对模型进行了验证;同时综合考虑了摇臂齿轮传动系统的时变啮合特性、传递误差等因素建立了截割部齿轮传递系统的非线性动力模型,并采用数值分析方法求解得到了系统动态响应参数;采用虚拟样机技术,建立了采煤机截割部传递系统的刚-柔耦合动力学模型,并以滚筒载荷作为外激励,仿真求解得到了传动系统中齿轮副间的啮合特性及其齿轮轴和轴承的接触特性曲线,最后通过实验方法对采煤机牵引部的振动特性进行了分析研究。张丹等基于多体动力学理论,建立了行走轮-销齿-齿轨耦合的采煤机行走机构动力学模型,利用有限元分析软件,得到了系统的运动参数变化对动态响应影响的曲线;并考虑了销轨弯曲角度因素,基于 ADAMS 软件求解了销轨间不同弯曲角度对系统的动态参数影响的规律。张东升等采用多体动力学理论,建立了采煤机截割部齿轮传递系统的非线性动力学模型,并采用数值分析方法,得到了不同工况参数下的系统的动态响应曲线。陈洪月等基于多体动力学理论以及集中质量法,分别建立了采煤机行走平面内、竖直方向以及斜切工况下的系统多自由度非线性动力学模型,将采煤机滚筒载荷和行走轮与销轨啮合力作为系统的外激励,并对采煤机各部件间的连接特性进行了描述,利用数值分析方法对系统的动态响应参数进行了求解,最后通过实验对模型进行了验证。

2 采煤机滚筒载荷模型与实验研究

2.1 滚筒载荷测试方案

采煤机滚筒载荷的确定，是对采煤机整机动力学特性分析的前提，为了提高采煤机整机动力学特性求解的准确性，本书采用实验方法对传统滚筒载荷公式进行了修正。在中煤张家口煤矿机械有限公司的国家能源采掘装备研发中心的综采工作面力学检测分析实验平台上，进行了采煤机截割实验。实验平台的组成和搭建过程，在第 7 章有详细的介绍，本章只对采煤机截割实验进行阐述。

考虑到煤矿井下的环境复杂与采集数据的可靠性，依据相似原则，建立一个与实际煤壁在空间上满足 1∶1 比例以及物理性能参数与实际煤岩相同的模拟煤壁，煤岩的浇筑过程以及参数，在第 7 章有详细的介绍。实验过程中，使用的采煤机型号为 MG500/1130WD 型滚筒采煤机，滚筒直径为 1.8 m，选用 DH1210 型接式电阻应变片传感器。

表 2-1　DH1210 应变片主要技术参数

名　称	参　数
电阻值	120 Ω
电阻值公差	≤±0.1%
灵敏度系数	1.80～2.2
使用温度范围	−30～+60 ℃

实验前，在截齿齿座轴段Ⅰ的侧表面上均布加工四个圆凹槽，如图 2-1 所示，并且在每个槽内各贴一片应变片，在其中一个槽内多贴一片应变花。最后将截齿的齿座焊接到采煤机滚筒的螺旋叶片上，如图 2-2 所示。实验中选用的滚筒有三个螺旋叶片，每个螺旋叶片上装有 7 个截齿，其中两个截齿装有电阻应变片传感器作为测试截齿，在滚筒的端盘上有三个截齿装有电阻应变片传感器作为测试截齿，整个滚筒上共装有 9 个作为测试截齿。

将测试截齿中的每个应变片和应变花引出的导线，通过轴段Ⅰ中的导线槽和齿座上的导线孔，与安装在滚筒螺旋叶片端部(尾部靠近摇臂侧)的无线采集模块连接，如图 2-3 所示。传感器将采集得到的数据以有线的方式传输到无线采集模块中，无线采集模块再通过无线通信方式经无线网关将数据传输到数据采集终端，如图 2-4 所示。在无线数据采集终端将采集到的混有噪声的信号先通过降噪处理，然后与事先标定好的系数对应计算后，得出滚筒截齿的三向力，最后根据滚筒的转速、位置、高度等数据和滚筒载荷计算公式(2-1)计算得到采煤机滚筒三向力。滚筒上截齿位置检测传感器如图 2-5 所示，在滚筒筒圈端部加装磁铁，在摇臂对应滚筒筒圈处安装霍尔传感器。

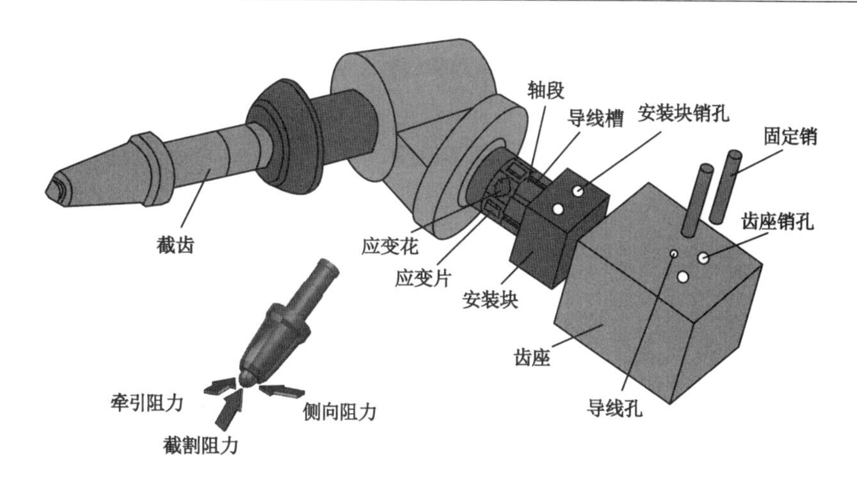

图 2-1　应变片安装示意图

图 2-2　齿座安装

图 2-3　无线采集模块安装

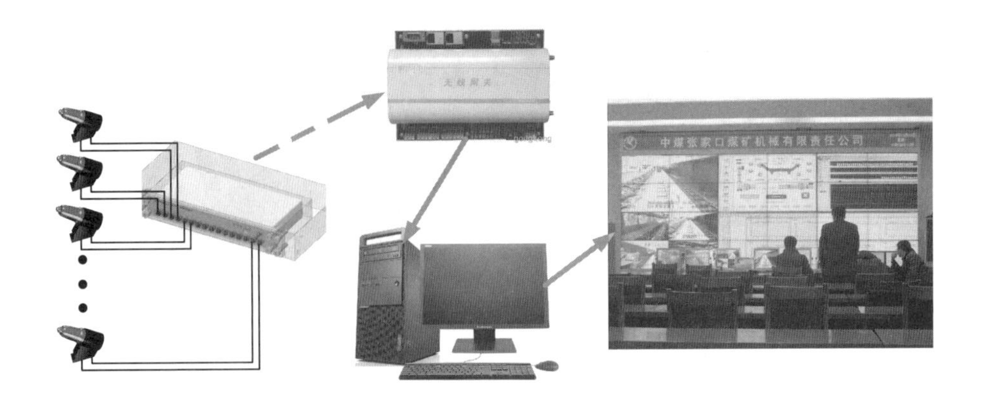

图 2-4　数据采集系统

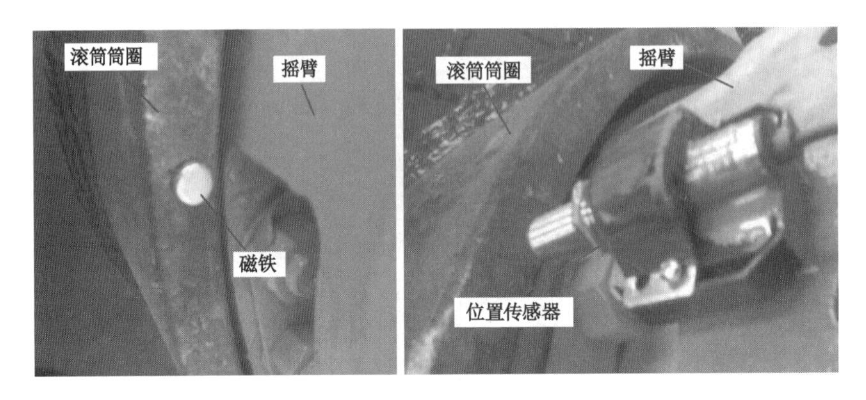

图 2-5　位置传感器安装

$$\begin{cases} R_{gx} = \sum_{i=1}^{N_c} (Z_i \cos \varphi_i + Y_i \sin \varphi_i) \\ R_{gy} = \sum_{i=1}^{N_c} (-Z_i \sin \varphi_i + Y_i \cos \varphi_i) \\ R_{gz} = \sum_{i=1}^{N_c} (X_i) \\ M_g = \sum_{i=1}^{N_c} (Z_i R_g) \end{cases} \tag{2-1}$$

式中　R_{gx}——滚筒在牵引方向的截割载荷；

R_{gy}——滚筒在竖直方向的截割载荷；

R_{gz}——滚筒在轴向的截割载荷；

M_g——滚筒的截割扭矩；

N_c——滚筒上参与截割的截齿总数；

R_g——滚筒的半径；

φ_i——第 i 个截齿与滚筒竖直方向的夹角；

X_i——滚筒上第 i 个参与截割的截齿的侧向阻力；
Y_i——滚筒上第 i 个参与截割的截齿的牵引阻力；
Z_i——滚筒上第 i 个参与截割的截齿的截割阻力。

2.2 传感器标定

在进行采煤机滚筒截割实验之前，需要对截齿中传感器进行标定，以保证实验测量值的准确性。截齿中传感器标定采用静态标定法，将应变片和应变花按上述方法安装在截齿上之后，将截齿底座固定在压力机上，按图 2-1 中截齿受力的方向分别进行载荷加载，检测传感器的输出值与加载力的对应关系，等加载量程为 0.5 t，截齿传感器的标定数据如表 2-2 所示，表中 T_1～T_4 为每个应变片输出的数据，通道 T_5 为应变花输出的数据。

表 2-2 截齿传感器测试数据

X 方向					
X/t	$T_1/\mu\varepsilon$	$T_2/\mu\varepsilon$	$T_3/\mu\varepsilon$	$T_4/\mu\varepsilon$	$T_5/\mu\varepsilon$
0.5	−13	−412	−44	404	165
1.0	−24	−818	−86	804	326
1.5	−36	−1 225	−129	1 205	488
2.0	−47	−1 631	−171	1 605	649
2.5	−59	−2 038	−214	2 006	811
3.0	−70	−2 444	−256	2 406	972
Y 方向					
Y/t	$T_1/\mu\varepsilon$	$T_2/\mu\varepsilon$	$T_3/\mu\varepsilon$	$T_4/\mu\varepsilon$	$T_5/\mu\varepsilon$
0.5	327	32	−322	32	−75
1.0	651	64	−639	59	−148
1.5	975	95	−957	87	−221
2.0	1 299	126	−1 274	114	−294
2.5	1 623	157	−1 592	142	−367
3.0	1 947	189	−1 909	169	−440
Z 方向					
Z/t	$T_1/\mu\varepsilon$	$T_2/\mu\varepsilon$	$T_3/\mu\varepsilon$	$T_4/\mu\varepsilon$	$T_5/\mu\varepsilon$
0.5	−138	7	149	−5	45
1.0	−271	14	295	−12	88
1.5	−404	20	442	−18	130
2.0	−537	26	588	−24	173
2.5	−670	32	735	−30	216
3.0	−803	39	881	−37	259

截齿受到的侧向阻力与传感器输出的应变值的函数关系为：

$$X = -0.6196 \cdot (T_2 - T_4) - 5.4527 \tag{2-2}$$

截齿受到的牵引阻力与传感器输出的应变值的函数关系为：

$$Y = 13.95 \cdot T_1 + 12.67 \cdot T_3 + 54.73 \tag{2-3}$$

截齿受到的截割阻力与传感器输出的应变值的函数关系为：

$$Z = 30.53 \cdot T_1 + 31.16 \cdot T_3 + 118.3 \tag{2-4}$$

2.3 滚筒载荷公式修正

基于以上分析，提出滚筒载荷牵引速度修正公式如(2-5)所示。

$$\begin{cases} R'_{gx} = k_{vx} \cdot \sum_{i=1}^{N_c} (Z_i \cos \varphi_i + Y_i \sin \varphi_i) \\ R'_{gy} = k_{vy} \cdot \sum_{i=1}^{N_c} (-Z_i \sin \varphi_i + Y_i \cos \varphi_i) \\ R'_{gz} = k_{vz} \cdot \sum_{i=1}^{N_c} (X_i) \end{cases} \tag{2-5}$$

式中，k_{vx}、k_{vy}、k_{vz} 为牵引速度修正系数。

为确定式(2-5)中牵引速度修正系数，笔者基于采煤机力学检测分析实验平台，对采煤机牵引速度为 1.5 m/min、2 m/min、2.5 m/min、3 m/min、3.5 m/min 时的滚筒三向截割载荷进行采集计算，并得到不同牵引速度下滚筒三向截割载荷的平均值如表 2-3 所示。

表 2-3　实验结果与传统计算值

工况参数		牵引方向 R_{gx}/kN			竖直方向 R_{gy}/kN			轴向 R_{gz}/kN		
		实验值	传统计算值	实验与理论比值	实验值	传统计算值	实验与理论比值	实验值	传统计算值	实验与理论比值
v/(m/min)	1.5	33.52	35.43	0.946	20.13	22.51	0.894	7.87	8.84	0.890
	2	35.23	36.75	0.958	22.56	24.68	0.914	9.42	10.26	0.918
	2.5	41.34	42.52	0.972	30.17	32.82	0.919	17.22	18.78	0.922
	3	46.62	47.38	0.978	33.35	36.12	0.923	20.15	21.69	0.929
	3.5	51.42	52.45	0.980	40.35	43.18	0.934	27.35	29.28	0.934

采煤机滚筒三向截割载荷的牵引速度修正公式如式(2-5)、式(2-6)、式(2-7)所列：

$$k_{vx} = 0.932 + 0.018 \cdot v \tag{2-6}$$

$$k_{vy} = 0.872 + 0.018 \cdot v \tag{2-7}$$

$$k_{vz} = 0.869 + 0.020 \cdot v \tag{2-8}$$

式中，v 为采煤机的牵引速度。

选取采煤机牵引速度为 3 m/min 时的滚筒三向载荷的修正值，传统计算值与实验值进行对比，如表 2-4 所示。可以看出，滚筒三向载荷的修正值更接近实验值，并且与实验值三向载荷的相对误差分别为0.77%、2.67%、1.59%。

表 2-4　对比验证

测试工况	牵引方向 R_{gx}/kN				竖直方向 R_{gy}/kN				轴向 R_{gz}/kN			
	实验值	修正值	传统值	修正误差/%	实验值	修正值	传统值	修正误差/%	实验值	修正值	传统值	修正误差/%
v=3 m/min	46.62	46.98	47.38	0.77	33.35	34.23	36.12	2.67	20.15	20.47	21.69	1.59

3 采煤机牵引-摇摆耦合动力学特性

采煤机在工作过程中，主要依靠行走箱中的行走轮与刮板输送机销排啮合的方式来实现采煤机的移动和调动。在采煤机牵引方向上，行走轮与销排的啮合特性直接影响着采煤机整机在牵引方向上的动态特性，并且会对整机的生产能力和工作性能产生很大的影响。本章综合考虑了采煤机在牵引方向上平滑靴与中部槽结合面的接触特性、含有间隙条件下的行走轮与销排齿面的啮合特性、调高油缸的支撑特性、机身与牵引部的连接特性以及摇臂的自身特性，并将实验修滚筒正载荷作为系统的外激励，对采煤机牵引-摇摆耦合的动力学特性进行分析研究。

图 3-1 为采煤机整机坐标及方向划分示意图。其中，1 为采煤机前滚筒，2 为采煤机前摇臂，3 为采煤机前牵引部，4 为采煤机前支撑部，5 为采煤机前行走箱，6 为采煤机前导向滑靴，7 为采煤机机身，8 为采煤机后牵引部，9 为采煤机后摇臂，10 为采煤机后滚筒，11 为采煤机后行走箱，12 为采煤机后导向滑靴，13 为采煤机后支撑部，14 为采煤机后平滑靴，15 为采煤机前平滑靴，16 为刮板输送机销排，17 为刮板输送机中部槽，18 为采空侧上液压拉杠，19 为采空侧下液压拉杠，20 为采煤侧上液压拉杠，21 为采煤侧下液压拉杠。

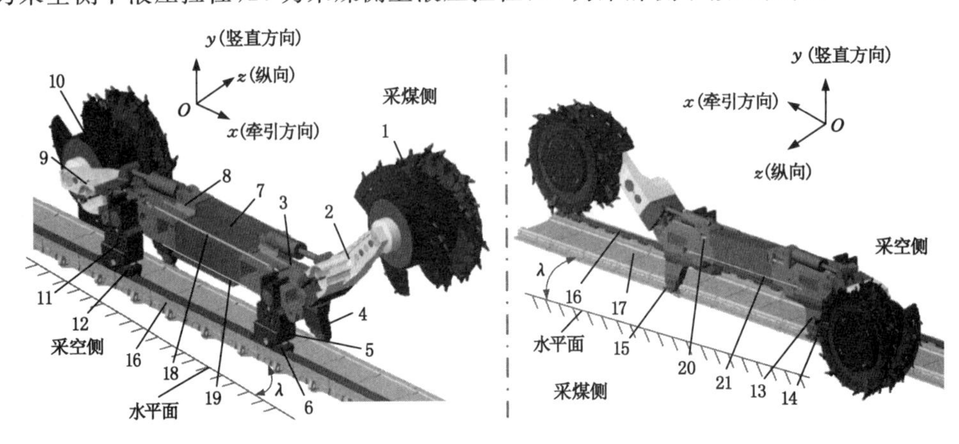

图 3-1 采煤机整机坐标及方向划分

3.1 牵引-摇摆耦合动力学模型建立

由于采煤机整机的结构复杂，为了形象地表示牵引方向采煤机整机的动态特性，在建立采煤机整机牵引-摇摆耦合的动力学模型过程中，采用集中参数法，将采煤机整机划分为前后滚筒、前后摇臂、前后牵引部、前后行走箱、前后支撑部以及机身，共 11 个部分组成。并作如下假设：

① 采煤机各部分质量集中在一点，并且集中在各部分的重心位置；

② 忽略采煤机液压系统、电气系统以及传动系统的动态特性对采煤机整机动力学特性的影响；

③ 采煤机前后摇臂前段假设为无质量的梁，并与采煤机前后滚筒相连；

④ 采煤机整机动力学系统为刚性系统，并采用刚度和阻尼元件对采煤机各部分之间的接触、连接进行描述。

基于以上分析，采煤机整机牵引-摇摆耦合非线性动力学模型如图 3-2 所示，图中：

m_1、m_{11} 分别为采煤机前后滚筒的质量；

m_2、m_{10} 分别为采煤机前后摇臂的质量；

m_3、m_7 分别为采煤机前后牵引部的质量；

m_4、m_9 分别为采煤机前后行走箱的质量；

m_5、m_8 分别为采煤机前后支撑部的质量；

m_6 为采煤机机身的质量；

x_3、x_7 分别为前后牵引部牵引方向的振动位移；

x_4、x_9 分别为前后行走箱牵引方向的振动位移；

x_5、x_8 分别为前后支撑部牵引方向的振动位移；

x_6 为机身牵引方向的振动位移；

λ 为采煤机的俯仰角；

η_{z3}、η_{z7} 分别为前后牵引部在 xoz 平面内振动转角；

β_1、β_{11} 分别为前后滚筒 xoy 平面内的振动摆角；

γ_2、γ_{10} 分别为前后摇臂 xoy 平面内的振动摆角；

α_1、α_{11} 分别为前后摇臂工作时的举升角；

R_{x1}、R_{y1}、R_{x11}、R_{y11} 分别为前后滚筒的水平和竖直截割载荷；

k_{x2}、k_{x10} 分别为前后摇臂 xoy 平面内的等效刚度；

k_{qtx}、c_{qtx}、k_{htx}、c_{htx} 分别为前后调高油缸等效刚度和阻尼；

k_{zx4}、c_{zx4}、k_{zx9}、c_{zx9} 分别为前后行走箱与牵引部牵引方向等效连接刚度和阻尼；

k_{qdx}、c_{qdx}、k_{hdx}、c_{hdx} 分别为前后行走轮与销排牵引方向接触刚度和阻尼；

k_{zx5}、c_{zx5}、k_{zx8}、c_{zx8} 分别为前后支撑部与牵引部牵引方向等效连接刚度和阻尼；

k_{qpx}、c_{qpx}、k_{hpx}、c_{hpx} 分别为前后平滑靴与中部槽牵引方向接触刚度和阻尼；

k_{cms}、c_{cms}、k_{cmx}、c_{cmx} 分别为采煤侧上、下液压拉杠等效刚度和阻尼；

k_{cks}、c_{cks}、k_{ckx}、c_{ckx} 分别为采空侧上、下液压拉杠等效刚度和阻尼；

e 为摇臂重心回转半径；

p 为滚筒重心相对摇臂重心的距离；

j 为牵引部的宽度；

b 为调高油缸与摇臂铰接点距摇臂旋转销轴的距离。

基于以上分析，假设初始位置采煤机各零部件连接位置的两侧间隙相等，则整机系统的各项参数如下所示。

① 系统动能为：

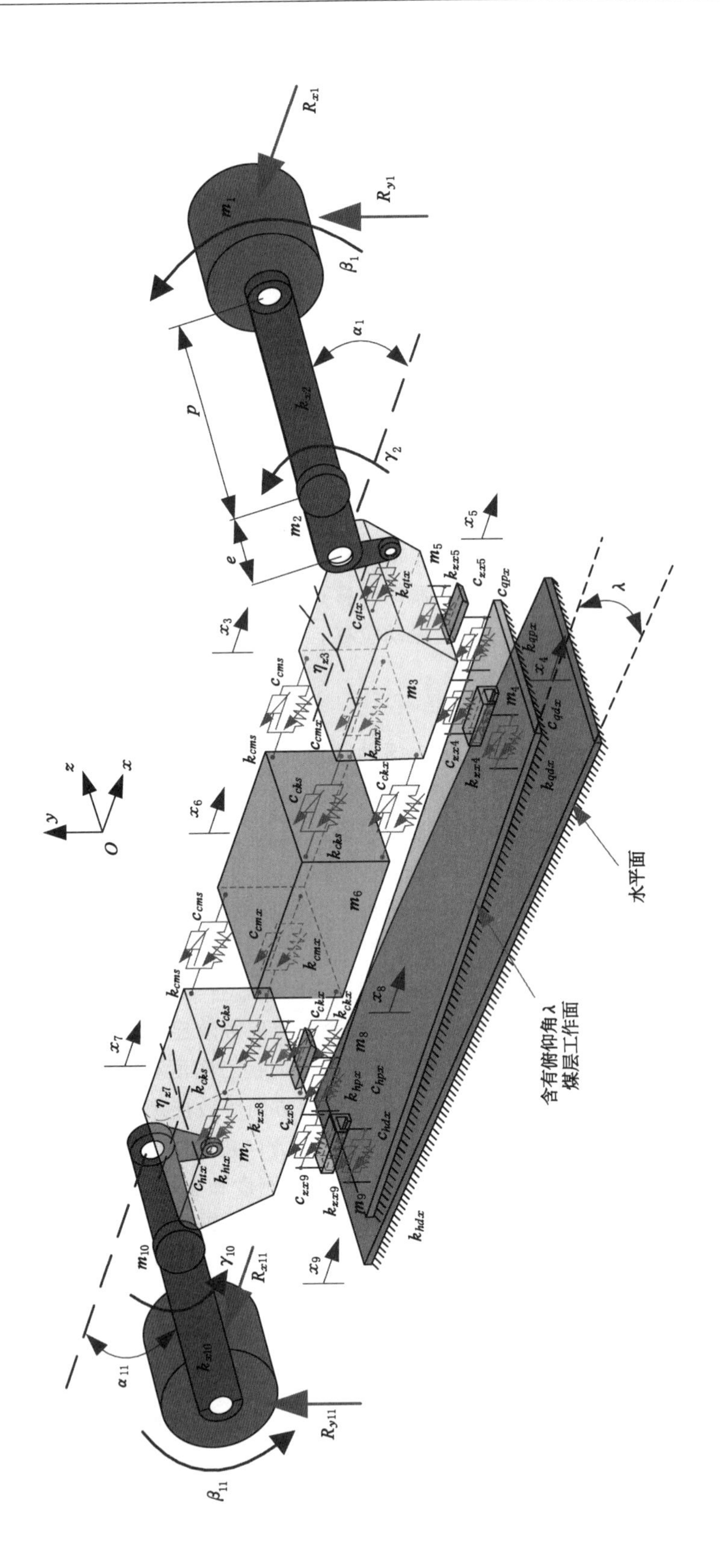

图3-2　采煤机整机牵引-摇摆耦合非线性动力学模型

$$\begin{aligned}T &= T_1 + T_2 + T_3 + T_4 + T_5 + T_6 + T_7 + T_8 + T_9 + T_{10} + T_{11} \\ &= \frac{1}{2}m_1(v_{x1}^2 + v_{y1}^2) + \frac{1}{2}m_2(v_{x2}^2 + v_{y2}^2) + \frac{1}{2}m_3\dot{x}_3^2 + \frac{1}{2}I_{z3}\cdot\dot{\eta}_{z3}^2 + \\ &\quad \frac{1}{2}m_4\dot{x}_4^2 + \frac{1}{2}m_5\dot{x}_5^2 + \frac{1}{2}m_6\dot{x}_6^2 + \frac{1}{2}m_7\dot{x}_7^2 + \frac{1}{2}I_{z7}\cdot\dot{\eta}_{z7}^2 + \\ &\quad \frac{1}{2}m_8\dot{x}_8^2 + \frac{1}{2}m_9\dot{x}_9^2 + \frac{1}{2}m_{10}(v_{x10}^2 + v_{y10}^2) + \frac{1}{2}m_{11}(v_{x11}^2 + v_{y11}^2)\end{aligned} \tag{3-1}$$

式中，v_{x1}、v_{y1}、v_{x11}、v_{y11}——采煤机前后滚筒水平和竖直的振动速度；

v_{x2}、v_{y2}、v_{x10}、v_{y10}——采煤机前后摇臂水平和竖直的振动速度。

由于在采煤机正常工作过程中，前后摇臂的振动转角 γ_2、γ_{10} 相对举升角 α_1、α_{11} 很小，因此可得：$\sin(\alpha_1+\gamma_2)\approx\sin\alpha_1$，$\cos(\alpha_1+\gamma_2)\approx\cos\alpha_1$；$\sin(\alpha_{11}+\gamma_{10})\approx\sin\alpha_{11}$，$\cos(\alpha_{11}+\gamma_{10})\approx\cos\alpha_{11}$，则有：

$$\begin{cases}v_{x2} = \dot{x}_3 - \dfrac{j}{2}\cdot\dot{\eta}_{z3} - e\cdot\dot{\gamma}_2\cdot\cos\alpha_1 \\ v_{y2} = e\cdot\dot{\gamma}_2\cdot\sin\alpha_1\end{cases} \tag{3-2}$$

$$\begin{cases}v_{x10} = \dot{x}_7 - \dfrac{j}{2}\cdot\dot{\eta}_{z7} - e\cdot\dot{\gamma}_{10}\cdot\cos\alpha_{11} \\ v_{y10} = e\cdot\dot{\gamma}_{10}\cdot\sin\alpha_{11}\end{cases} \tag{3-3}$$

$$\begin{cases}v_{x1} = \dot{x}_3 - \dfrac{j}{2}\cdot\dot{\eta}_{z3} - e\cdot\dot{\gamma}_2\cdot\cos\alpha_1 - p\cdot\dot{\beta}_1\cdot\cos\alpha_1 \\ v_{y1} = e\cdot\dot{\gamma}_2\cdot\sin\alpha_1 + p\cdot\dot{\beta}_1\cdot\sin\alpha_1\end{cases} \tag{3-4}$$

$$\begin{cases}v_{x11} = \dot{x}_7 - \dfrac{j}{2}\cdot\dot{\eta}_{z7} - e\cdot\dot{\gamma}_{10}\cdot\cos\alpha_{11} - p\cdot\dot{\beta}_{11}\cdot\cos\alpha_{11} \\ v_{y11} = e\cdot\dot{\gamma}_{10}\cdot\sin\alpha_{11} + p\cdot\dot{\beta}_{11}\cdot\sin\alpha_{11}\end{cases} \tag{3-5}$$

将式(3-2)～(3-5)代入式(3-1)中：

$$\begin{aligned}T_1 = \frac{1}{2}m_1\Big[&\Big(\dot{x}_3 - \frac{j}{2}\cdot\dot{\eta}_{z3} - e\cdot\dot{\gamma}_2\cdot\cos\alpha_1 - p\cdot\dot{\beta}_1\cdot\cos\alpha_1\Big)^2 + \\ &(e\cdot\dot{\gamma}_2\cdot\sin\alpha_1 + p\cdot\dot{\beta}_1\cdot\sin\alpha_1)^2\Big]\end{aligned} \tag{3-6}$$

$$T_2 = \frac{1}{2}m_2\Big[(\dot{x}_3 - \frac{j}{2}\cdot\dot{\eta}_{z3} - e\cdot\dot{\gamma}_2\cdot\cos\alpha_1)^2 + (e\cdot\dot{\gamma}_2\cdot\sin\alpha_1)^2\Big] \tag{3-7}$$

$$T_{10} = \frac{1}{2}m_{10}\Big[(\dot{x}_7 - \frac{j}{2}\cdot\dot{\eta}_{z7} - e\cdot\dot{\gamma}_{10}\cdot\cos\alpha_{11})^2 + (e\cdot\dot{\gamma}_{10}\cdot\sin\alpha_{11})^2\Big] \tag{3-8}$$

$$\begin{aligned}T_{11} = \frac{1}{2}m_{11}\Big[&\Big(\dot{x}_7 - \frac{j}{2}\cdot\dot{\eta}_{z7} - e\cdot\dot{\gamma}_{10}\cdot\cos\alpha_{11} - p\cdot\dot{\beta}_{11}\cdot\cos\alpha_{11}\Big)^2 + \\ &(e\cdot\dot{\gamma}_{10}\cdot\sin\alpha_{11} + p\cdot\dot{\beta}_{11}\cdot\sin\alpha_{11})^2\Big]\end{aligned} \tag{3-9}$$

② 系统势能为：

$$\begin{aligned}U = &\frac{1}{2}k_{x2}(p\cdot\beta_1)^2 + \frac{1}{2}k_{qtx}(b\cdot\gamma_2)^2 + \frac{1}{2}(k_{cms} + k_{cks})\cdot\Big[x_3 + \frac{j}{2}\cdot\eta_{z3} - \Big(x_7 - \frac{j}{2}\cdot\eta_{z7}\Big) - x_6\Big]^2 + \\ &\frac{1}{2}(k_{cmx} + k_{ckx})\cdot\Big[x_3 - \frac{j}{2}\cdot\eta_{z3} - \Big(x_7 + \frac{j}{2}\cdot\eta_{z7}\Big) - x_6\Big]^2 + \frac{1}{2}k_{zx4}\Big[x_4 - \Big(x_3 - \frac{j}{2}\cdot\eta_{z3}\Big)\Big]^2 +\end{aligned}$$

$$\frac{1}{2}k_{qdx}\left(x_4-\frac{d_{xz}}{2}\right)^2+\frac{1}{2}k_{zx5}\left[x_5-\left(x_3-\frac{j}{2}\cdot\eta_{z3}\right)\right]^2+$$
$$\frac{1}{2}k_{qpx}x_5^2+\frac{1}{2}(k_{cms}+k_{cks})\cdot\left[x_6-\left(x_3+\frac{j}{2}\cdot\eta_{z3}-x_7+\frac{j}{2}\cdot\eta_{z7}\right)\right]^2+$$
$$\frac{1}{2}(k_{cmx}+k_{ckx})\cdot\left[x_6-\left(x_3-\frac{j}{2}\cdot\eta_{z3}-x_7-\frac{j}{2}\cdot\eta_{z7}\right)\right]^2+$$
$$\frac{1}{2}k_{zx8}\left[x_8-\left(x_7+\frac{j}{2}\cdot\eta_{z7}\right)\right]^2+\frac{1}{2}k_{hpx}x_8^2+\frac{1}{2}k_{zx9}\left(x_7+\frac{j}{2}\cdot\eta_{z7}-x_9\right)^2+$$
$$\frac{1}{2}k_{hdx}\left(x_9-\frac{d_{xz}}{2}\right)^2+\frac{1}{2}k_{htx}(b\cdot\gamma_{10})^2+\frac{1}{2}k_{x10}(p\cdot\beta_{11})^2 \tag{3-10}$$

③ 系统耗散能为：

$$D=\frac{1}{2}c_{qtx}(b\cdot\dot{\gamma}_2)^2+\frac{1}{2}(c_{cms}+c_{cks})\cdot\left[\dot{x}_3+\frac{j}{2}\cdot\dot{\eta}_{z3}-\left(\dot{x}_7-\frac{j}{2}\cdot\dot{\eta}_{z7}\right)-\dot{x}_6\right]^2+$$
$$\frac{1}{2}(c_{cmx}+c_{ckx})\cdot\left[\dot{x}_3-\frac{j}{2}\cdot\dot{\eta}_{z3}-\left(\dot{x}_7+\frac{j}{2}\cdot\dot{\eta}_{z7}\right)-\dot{x}_6\right]^2+$$
$$\frac{1}{2}c_{zx4}\left[\dot{x}_4-\left(\dot{x}_3-\frac{j}{2}\cdot\dot{\eta}_{z3}\right)\right]^2+\frac{1}{2}c_{qdx}\dot{x}_4^2+\frac{1}{2}c_{zx5}\left[\dot{x}_5-\left(\dot{x}_3-\frac{j}{2}\cdot\dot{\eta}_{z3}\right)\right]^2+$$
$$\frac{1}{2}c_{qpx}\dot{x}_5^2+\frac{1}{2}(c_{cms}+c_{cks})\cdot\left[\dot{x}_6-\left(\dot{x}_3+\frac{j}{2}\cdot\dot{\eta}_{z3}-\dot{x}_7+\frac{j}{2}\cdot\dot{\eta}_{z7}\right)\right]^2+$$
$$\frac{1}{2}(c_{cmx}+c_{ckx})\cdot\left[\dot{x}_6-\left(\dot{x}_3-\frac{j}{2}\cdot\dot{\eta}_{z3}-\dot{x}_7-\frac{j}{2}\cdot\dot{\eta}_{z7}\right)\right]^2+$$
$$\frac{1}{2}c_{zx8}\left[\dot{x}_8-\left(\dot{x}_7+\frac{j}{2}\cdot\dot{\eta}_{z7}\right)\right]^2+\frac{1}{2}c_{hpx}\dot{x}_8^2+$$
$$\frac{1}{2}c_{zx9}\left(\dot{x}_7+\frac{j}{2}\cdot\dot{\eta}_{z7}-\dot{x}_9\right)^2+\frac{1}{2}c_{hdx}\dot{x}_9^2+\frac{1}{2}c_{htx}(b\cdot\dot{\gamma}_{10})^2 \tag{3-11}$$

将式(3-1)、式(3-10)、式(3-11)代入到式(3-12)拉格朗日动力学方程中：

$$\frac{\mathrm{d}}{\mathrm{d}t}\left(\frac{\partial T}{\partial \dot{q}_i}\right)-\frac{\partial T}{\partial q_i}+\frac{\partial U}{\partial q_i}+\frac{\partial D}{\partial \dot{q}_i}=F_i\quad(i=1,2,\cdots,n) \tag{3-12}$$

式中，F_i 为沿广义坐标 q_i 方向作用的广义力。

整理后，可得：

$$\boldsymbol{M}\ddot{\boldsymbol{X}}+\boldsymbol{C}\dot{\boldsymbol{X}}+\boldsymbol{K}\boldsymbol{X}=\boldsymbol{F} \tag{3-13}$$

矩阵 $\boldsymbol{M}$ 为：

$$M=\begin{bmatrix}\boldsymbol{M}_1 & & \\ & \boldsymbol{M}_2 & \\ & & \boldsymbol{M}_3\end{bmatrix}$$

其中：

$$\boldsymbol{M}_1=\begin{bmatrix} m_1\cdot p^2 & e\cdot m_1\cdot p\cdot\cos 2\alpha_1 & 0 & -m_1\cdot p\cdot\cos\alpha_1 \\ e\cdot m_1\cdot p\cdot\cos 2\alpha_1 & e^2\cdot(m_1+m_2) & 0 & -e\cdot\cos\alpha_1(m_1+m_2) \\ 0 & 0 & I_{z3} & 0 \\ -m_1\cdot p\cdot\cos\alpha_1 & -e\cdot\cos\alpha_1(m_1+m_2) & 0 & m_1+m_2+m_3 \end{bmatrix}$$

$$\boldsymbol{M}_2 = \begin{bmatrix} m_4 & 0 & 0 \\ 0 & m_5 & 0 \\ 0 & 0 & m_6 \end{bmatrix}$$

$$\boldsymbol{M}_3 = \begin{bmatrix} m_7 + m_{10} + m_{11} & 0 & 0 & 0 & -e \cdot \cos\alpha_{11}(m_{10} + m_{11}) & -m_{11} \cdot p \cdot \cos\alpha_{11} \\ 0 & m_8 & 0 & 0 & 0 & 0 \\ 0 & 0 & m_9 & 0 & 0 & 0 \\ 0 & 0 & 0 & I_{z7} & 0 & 0 \\ -e \cdot \cos\alpha_{11}(m_{10} + m_{11}) & 0 & 0 & 0 & e^2 \cdot (m_{10} + m_{11}) & e \cdot m_{11} \cdot p \cdot \cos 2\alpha_1 \\ -m_{11} \cdot p \cdot \cos\alpha_{11} & 0 & 0 & 0 & e \cdot m_{11} \cdot p \cdot \cos 2\alpha_1 & m_{11} \cdot p^2 \end{bmatrix}$$

矩阵 $\boldsymbol{C}$ 为：

$$\boldsymbol{C} = \begin{bmatrix} \boldsymbol{C}_1 & \boldsymbol{C}_3 \\ \boldsymbol{C}_4 & \boldsymbol{C}_2 \end{bmatrix}$$

其中，

$$\boldsymbol{C}_1 = \begin{bmatrix} 0 & 0 & 0 & 0 & 0 & 0 \\ 0 & b^2 \cdot c_{qtx} & 0 & 0 & 0 & 0 \\ 0 & 0 & C_{3,3} & C_{3,4} & \frac{j}{2} \cdot c_{zx4} & \frac{j}{2} \cdot c_{zx5} \\ 0 & 0 & C_{4,3} & C_{4,4} & -c_{zx4} & -c_{zx5} \\ 0 & 0 & \frac{j}{2} \cdot c_{zx4} & -c_{zx4} & c_{qdx} + c_{zx4} & 0 \\ 0 & 0 & \frac{j}{2} \cdot c_{zx5} & -c_{zx5} & 0 & c_{qpx} + c_{zx5} \end{bmatrix}$$

$$\boldsymbol{C}_2 = \begin{bmatrix} C_{7,7} & C_{7,8} & 0 & 0 & C_{7,11} & 0 & 0 \\ C_{8,7} & C_{8,8} & -c_{zx8} & -c_{zx9} & C_{8,11} & 0 & 0 \\ 0 & -c_{zx8} & c_{hpx} + c_{zx8} & 0 & j \cdot \frac{c_{zx8}}{2} & 0 & 0 \\ 0 & -c_{zx9} & 0 & c_{hdx} + c_{zx9} & -j \cdot \frac{c_{zx9}}{2} & 0 & 0 \\ C_{11,7} & C_{11,8} & j \cdot \frac{c_{zx8}}{2} & -j \cdot \frac{c_{zx9}}{2} & C_{11,11} & 0 & 0 \\ 0 & 0 & 0 & 0 & 0 & b^2 \cdot c_{htx} & 0 \\ 0 & 0 & 0 & 0 & 0 & 0 & 0 \end{bmatrix}$$

$$\boldsymbol{C}_3 = \begin{bmatrix} 0 & 0 & 0 & 0 & 0 & 0 & 0 \\ 0 & 0 & 0 & 0 & 0 & 0 & 0 \\ C_{3,7} & C_{3,8} & 0 & 0 & C_{3,11} & 0 & 0 \\ C_{4,7} & C_{4,8} & 0 & 0 & C_{4,11} & 0 & 0 \\ 0 & 0 & 0 & 0 & 0 & 0 & 0 \\ 0 & 0 & 0 & 0 & 0 & 0 & 0 \end{bmatrix}$$

$$\boldsymbol{C}_4=\begin{bmatrix}0 & 0 & C_{7,3} & C_{7,4} & 0 & 0\\ 0 & 0 & C_{8,3} & C_{8,4} & 0 & 0\\ 0 & 0 & 0 & 0 & 0 & 0\\ 0 & 0 & 0 & 0 & 0 & 0\\ 0 & 0 & C_{11,3} & C_{11,4} & 0 & 0\\ 0 & 0 & 0 & 0 & 0 & 0\\ 0 & 0 & 0 & 0 & 0 & 0\end{bmatrix}$$

$$C_{3,3}=\frac{j^2}{2}\cdot\left(c_{cks}+c_{ckx}+c_{cms}+c_{cmx}+\frac{c_{zx4}+c_{zx5}}{2}\right)$$

$$C_{3,4}=-j\cdot\left(c_{ckx}-c_{cks}-c_{cms}+c_{cmx}+\frac{c_{zx4}+c_{zx5}}{2}\right)$$

$$C_{3,7}=j\cdot(c_{ckx}-c_{cks}-c_{cms}+c_{cmx})$$

$$C_{3,8}=j\cdot(c_{ckx}-c_{cks}-c_{cms}+c_{cmx})$$

$$C_{3,11}=\frac{j^2}{2}\cdot(c_{cks}+c_{ckx}+c_{cms}+c_{cmx})$$

$$C_{4,3}=-j\cdot\left(c_{ckx}-c_{cks}-c_{cms}+c_{cmx}+\frac{c_{zx4}+c_{zx5}}{2}\right)$$

$$C_{4,4}=2\cdot(c_{cks}+c_{ckx}+c_{cms}+c_{cmx})+c_{zx4}+c_{zx5}$$

$$C_{4,7}=-2\cdot(c_{cks}+c_{ckx}+c_{cms}+c_{cmx})$$

$$C_{4,8}=-2\cdot(c_{cks}+c_{ckx}+c_{cms}+c_{cmx})$$

$$C_{4,11}=-j\cdot(c_{ckx}-c_{cks}-c_{cms}+c_{cmx})$$

$$C_{7,3}=j\cdot(c_{ckx}-c_{cks}-c_{cms}+c_{cmx})$$

$$C_{7,4}=-2\cdot(c_{cks}+c_{ckx}+c_{cms}+c_{cmx})$$

$$C_{7,7}=2\cdot(c_{cks}+c_{ckx}+c_{cms}+c_{cmx})$$

$$C_{7,8}=2\cdot(c_{cks}+c_{ckx}+c_{cms}+c_{cmx})$$

$$C_{7,11}=j\cdot(c_{ckx}-c_{cks}-c_{cms}+c_{cmx})$$

$$C_{8,3}=j\cdot(c_{ckx}-c_{cks}-c_{cms}+c_{cmx})$$

$$C_{8,4}=-2\cdot(c_{cks}+c_{ckx}+c_{cms}+c_{cmx})$$

$$C_{8,7}=2\cdot(c_{cks}+c_{ckx}+c_{cms}+c_{cmx})$$

$$C_{8,8}=2\cdot(c_{cks}+c_{ckx}+c_{cms}+c_{cmx})+c_{zx8}+c_{zx9}$$

$$C_{8,11}=j\cdot\left(c_{ckx}-c_{cks}-c_{cms}+c_{cmx}+\frac{-c_{zx8}+c_{zx9}}{2}\right)$$

$$C_{11,3}=\frac{j^2}{2}\cdot(c_{cks}+c_{ckx}+c_{cms}+c_{cmx})$$

$$C_{11,4}=-j\cdot(c_{ckx}-c_{cks}-c_{cms}+c_{cmx})$$

$$C_{11,7}=j\cdot(c_{ckx}-c_{cks}-c_{cms}+c_{cmx})$$

$$C_{11,8}=j\cdot\left(c_{ckx}-c_{cks}-c_{cms}+c_{cmx}+\frac{-c_{zx8}+c_{zx9}}{2}\right)$$

$$C_{11,11}=\frac{j^2}{2}\cdot\left(c_{cks}+c_{ckx}+c_{cms}+c_{cmx}+\frac{c_{zx8}+c_{zx9}}{2}\right)$$

矩阵 $\boldsymbol{K}$ 为：

$$\boldsymbol{K}=\begin{bmatrix}\boldsymbol{K}_1 & \boldsymbol{K}_3\\ \boldsymbol{K}_4 & \boldsymbol{K}_2\end{bmatrix}$$

$$\boldsymbol{K}_1=\begin{bmatrix} p^2\cdot k_{x2} & 0 & 0 & 0 & 0 & 0 \\ 0 & b^2\cdot k_{qtx} & 0 & 0 & 0 & 0 \\ 0 & 0 & K_{3,3} & K_{3,4} & \frac{j}{2}\cdot k_{zx4} & \frac{j}{2}\cdot k_{zx5} \\ 0 & 0 & K_{4,3} & K_{4,4} & -k_{zx4} & -k_{zx5} \\ 0 & 0 & \frac{j}{2}\cdot k_{zx4} & -k_{zx4} & k_{qdx}+k_{zx4} & 0 \\ 0 & 0 & \frac{j}{2}\cdot k_{zx5} & -k_{zx5} & 0 & k_{qpx}+k_{zx5} \end{bmatrix}$$

$$\boldsymbol{K}_2=\begin{bmatrix} K_{7,7} & K_{7,8} & 0 & 0 & K_{7,11} & 0 & 0 \\ K_{8,7} & K_{8,8} & -k_{zx8} & -k_{zx9} & K_{8,11} & 0 & 0 \\ 0 & -k_{zx8} & k_{hpx}+k_{zx8} & 0 & j\cdot\frac{k_{zx8}}{2} & 0 & 0 \\ 0 & -k_{zx9} & 0 & k_{hdx}+k_{zx9} & -j\cdot\frac{k_{zx9}}{2} & 0 & 0 \\ K_{11,7} & K_{11,8} & j\cdot\frac{k_{zx8}}{2} & -j\cdot\frac{k_{zx9}}{2} & K_{11,11} & 0 & 0 \\ 0 & 0 & 0 & 0 & 0 & b^2\cdot k_{htx} & 0 \\ 0 & 0 & 0 & 0 & 0 & 0 & p^2\cdot k_{x10} \end{bmatrix}$$

$$\boldsymbol{K}_3=\begin{bmatrix} 0 & 0 & 0 & 0 & 0 & 0 & 0 \\ 0 & 0 & 0 & 0 & 0 & 0 & 0 \\ K_{3,7} & K_{3,8} & 0 & 0 & K_{3,11} & 0 & 0 \\ K_{4,7} & K_{4,8} & 0 & 0 & K_{4,11} & 0 & 0 \\ 0 & 0 & 0 & 0 & 0 & 0 & 0 \\ 0 & 0 & 0 & 0 & 0 & 0 & 0 \end{bmatrix}$$

$$\boldsymbol{K}_4=\begin{bmatrix} 0 & 0 & K_{7,3} & K_{7,4} & 0 & 0 \\ 0 & 0 & K_{8,3} & K_{8,4} & 0 & 0 \\ 0 & 0 & 0 & 0 & 0 & 0 \\ 0 & 0 & 0 & 0 & 0 & 0 \\ 0 & 0 & K_{11,3} & K_{11,4} & 0 & 0 \\ 0 & 0 & 0 & 0 & 0 & 0 \\ 0 & 0 & 0 & 0 & 0 & 0 \end{bmatrix}$$

$$K_{3,3}=\frac{j^2}{2}\cdot\left(k_{cks}+k_{ckx}+k_{cms}+k_{cmx}+\frac{k_{zx4}+k_{zx5}}{2}\right)$$

$$K_{3,4}=j\cdot\left(k_{cks}-k_{ckx}+k_{cms}-k_{cmx}-\frac{k_{zx4}+k_{zx5}}{2}\right)$$

$$K_{3,7}=j\cdot(k_{ckx}-k_{cks}-k_{cms}+k_{cmx})$$

$$K_{3,8}=j\cdot(k_{ckx}-k_{cks}-k_{cms}+k_{cmx})$$

$$K_{3,11}=\frac{j^2}{2}\cdot(k_{cks}+k_{ckx}+k_{cms}+k_{cmx})$$

$$K_{4,3}=j\cdot\left(k_{cks}-k_{ckx}+k_{cms}-k_{cmx}-\frac{k_{zx4}+k_{zx5}}{2}\right)$$

$$K_{4,4}=2\cdot(k_{cks}+k_{ckx}+k_{cms}+k_{cmx})+k_{zx4}+k_{zx5}$$
$$K_{4,7}=-2\cdot(k_{cks}+k_{ckx}+k_{cms}+k_{cmx})$$
$$K_{4,8}=-2\cdot(k_{cks}+k_{ckx}+k_{cms}+k_{cmx})$$
$$K_{4,11}=j\cdot(k_{cks}-k_{ckx}+k_{cms}-k_{cmx})$$
$$K_{7,3}=j\cdot(k_{ckx}-k_{cks}-k_{cms}+k_{cmx})$$
$$K_{7,4}=-2\cdot(k_{cks}+k_{ckx}+k_{cms}+k_{cmx})$$
$$K_{7,7}=2\cdot(k_{cks}+k_{ckx}+k_{cms}+k_{cmx})$$
$$K_{7,8}=2\cdot(k_{cks}+k_{ckx}+k_{cms}+k_{cmx})$$
$$K_{7,11}=j\cdot(k_{ckx}-k_{cks}-k_{cms}+k_{cmx})$$
$$K_{8,3}=j\cdot(k_{ckx}-k_{cks}-k_{cms}+k_{cmx})$$
$$K_{8,4}=-2\cdot(k_{cks}+k_{ckx}+k_{cms}+k_{cmx})$$
$$K_{8,7}=2\cdot(k_{cks}+k_{ckx}+k_{cms}+k_{cmx})$$
$$K_{8,8}=2\cdot(k_{cks}+k_{ckx}+k_{cms}+k_{cmx})+k_{zx8}+k_{zx9}$$
$$K_{8,11}=j\cdot\left(k_{ckx}-k_{cks}-k_{cms}+k_{cmx}+\frac{-k_{zx8}+k_{zx9}}{2}\right)$$
$$K_{11,3}=\frac{j^2}{2}\cdot(k_{cks}+k_{ckx}+k_{cms}+k_{cmx})$$
$$K_{11,4}=j\cdot(k_{cks}-k_{ckx}+k_{cms}-k_{cmx})$$
$$K_{11,7}=j\cdot(k_{ckx}-k_{cks}-k_{cms}+k_{cmx})$$
$$K_{11,8}=j\cdot\left(k_{ckx}-k_{cks}-k_{cms}+k_{cmx}+\frac{-k_{zx8}+k_{zx9}}{2}\right)$$
$$K_{11,11}=\frac{j^2}{2}\cdot\left(k_{cks}+k_{ckx}+k_{cms}+k_{cmx}+\frac{k_{zx8}+k_{zx9}}{2}\right)$$

矩阵 $\boldsymbol{X}$ 为：

$$\boldsymbol{X}=[\beta_1,\gamma_2,\eta_{z3},x_3,x_4,x_5,x_6,x_7,x_8,x_9,\eta_{z7},\gamma_{10},\beta_{11}]^{\mathrm{T}}$$

矩阵 $\boldsymbol{F}$ 为：

$$\boldsymbol{F}=\begin{bmatrix}-R_{y1}\cdot p\cdot\cos(\alpha_1+\lambda)-R_{x1}\cdot p\cdot\sin(\alpha_1+\lambda)\\0\\0\\0\\\frac{1}{2}\cdot d_{xz}\cdot k_{qdx}\\0\\0\\0\\0\\\frac{1}{2}\cdot d_{xz}\cdot k_{hdx}\\0\\0\\R_{y11}\cdot p\cdot\cos(\alpha_{11}+\lambda)+R_{x11}\cdot p\cdot\sin(\alpha_{11}+\lambda)\end{bmatrix}$$

3.2　关键零部件刚度模型建立

各类的机械设备与机械结构，一般都不是一个连续的整体，而是由各种零部件组装起来的，各零部件之间相互接触的表面称为结合面。在机械结构动力学特性的研究过程中，机械结构间的结合面的接触特性、连接特性不可忽视，结合面间的接触特性直接影响着整个机械系统的动力学特性。

采煤机滚筒在截割煤岩过程中产生巨大的载荷冲击，通过各部件以及各部件间结合面传递到整个机身，引起采煤机发生剧烈的振动。由于工作负荷、工作强度的增加，以及受到工作环境复杂程度和不确定因素的影响，采煤机各零部件结合面变形量增大，造成连接松动，采煤机工作时振动加剧，噪声变大，进而引起采煤机各部件的非正常损耗，严重时会造成停机，造成经济损失。在对采煤机动力学特性进行研究时，对其各部件间结合面的连接特性进行描述是非常重要的。

3.2.1　平滑靴与中部槽切向刚度模型

机械加工过程中，由于加工精度的影响，在微观上并不存在理想光滑刚性表面，表面上存在着大小、形状各不相同的，无数个微凸体。机械系统的结合面在接触碰撞过程中，这些凸体会发生变型，基本会经历三个阶段：弹性—弹塑性—塑性，本章只考虑弹性变型阶段。基于 GW 模型和 CEB 模型，对采煤机支撑部平滑靴与刮板输送机中部槽的结合面的接触特性进行描述。

采煤机支撑部中平滑靴与中部槽的实际接触状态如图 3-3(a)所示，平滑靴与中部槽接触，实际是由两个零件表面的微凸体相互接触和作用的过程，将平滑靴与中部槽结合面假设为一个粗糙表面与一个理想光滑表面的接触问题，其微观接触状态如图 3-3(b)所示，对于图 3-3(b)等效接触区域上的单个微凸体，可以将其近似看作为一个球体，未受到载荷作用时的接触状态如图 3-3(c)所示，受到载荷作用时的接触状态如图 3-3(d)所示。当结合面之间存在摩擦力作用时，接触圆边界的剪切应力趋于无穷大，而法向应力较小，只有当切向载荷大于最大静摩擦力时，结合面才出现完全滑移状态，如图 3-4 所示，在平滑靴与中部槽结合面中单个微凸体接触区可以分为黏着区域和滑动区域。

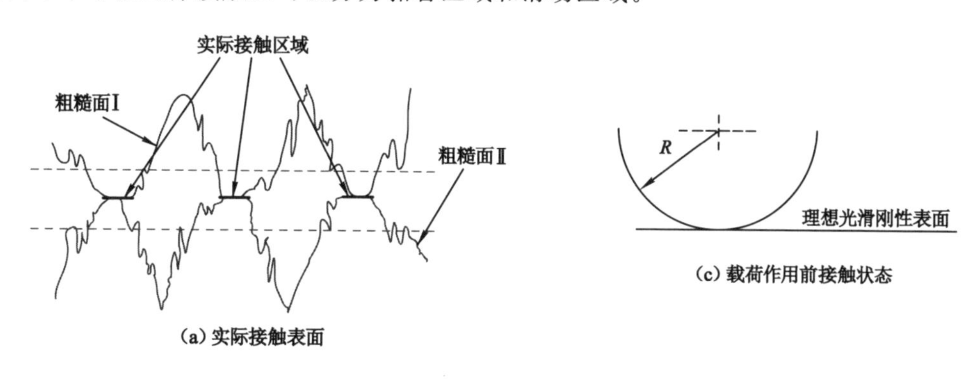

图 3-3　等效微凸体微观接触示意图

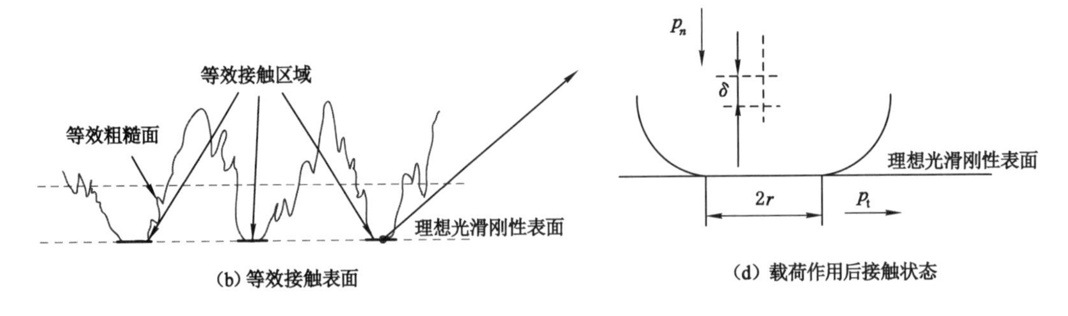

图 3-3(续)

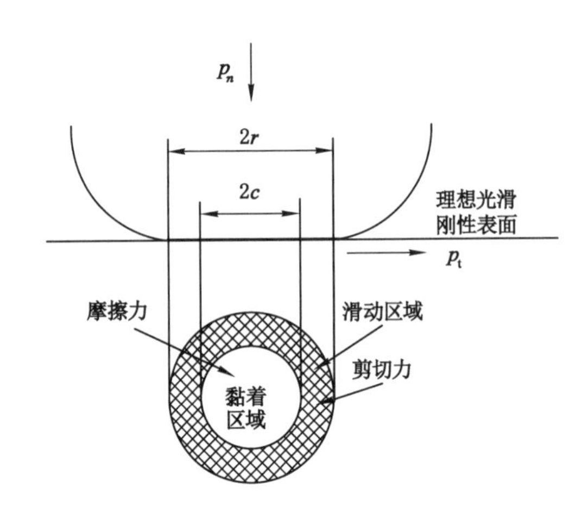

图 3-4　考虑摩擦力影响的微凸体接触

依据 Hertz 接触理论，单个微凸体实际接触半径 r 为：

$$r = \left(\frac{3 \cdot p_n \cdot R_{pz}}{4E_{pz}}\right)^{\frac{1}{3}} \tag{3-14}$$

$$E_{pz} = \left(\frac{1-\upsilon_p^2}{E_p} + \frac{1-\upsilon_z^2}{E_z}\right)^{-1} \tag{3-15}$$

式中　p_n——单个微凸体的法向载荷；

E_{pz}——等效弹性模量；

R_{pz}——单个微凸体等效曲率半径；

E_p、E_z——平滑靴与中部槽的弹性模量；

υ_p、υ_z——平滑靴与中部槽的泊松比。

载荷作用前，微凸体未变形时，表面轮廓的数学模型为：

$$z(x) = G^{D-1} a_{pz}^{1-0.5D} \cos\left(\frac{\pi x}{a_{pz}^{0.5}}\right) \tag{3-16}$$

式中　a_{pz}——平滑靴与中部槽结合面微凸体实际接触面积；

D——分形维数；

G——分形粗糙度参数。

载荷作用后，微凸体变形量 δ 为：

$$\delta = G^{D-1} \cdot a_{pz}^{1-0.5D} \tag{3-17}$$

由式(3-16)可得平滑靴与中部槽单个微凸体的等效曲率半径为：

$$R_{pz} = \frac{G^{1-D} \cdot a_{pz}^{1-0.5D}}{\pi} \tag{3-18}$$

为了更准确地描述平滑靴与中部槽结合面微凸体实际接触面积，依据文献[143]接触面积为 a_{pz} 的接触点大小的分布函数：

$$n(a_{pz}) = \frac{D}{2}\psi^{1-0.5D} \cdot a_{pz4\max}^{0.5D} \cdot a_{pz}^{-1-0.5D} \quad (0 < a_{pz} < a_{pz\max}) \tag{3-19}$$

式中 $a_{pz\max}$——平滑靴与中部槽结合面单个微凸体最大接触面积；

ψ——微凸体接触大小分布的扩展因子($\psi>1$)，其值与分形维数 D 有关。

依据采煤机实际工况，平滑靴与中部槽之间存在相对的滑动摩擦，则微凸体开始发生屈服的临界平均接触压力[144-146]为：

$$p_{\mu} = 1.1k_{\mu}\sigma_s \tag{3-20}$$

式中 σ_s——屈服极限；

k_{μ}——摩擦力修正因子，与摩擦系数 μ 有关。

$$\begin{cases} k_{\mu} = 1 - 0.228\mu & 0 \leqslant \mu \leqslant 0.3 \\ k_{\mu} = 0.932\mathrm{e}^{-1.58(\mu-0.3)} & 0.3 < \mu \leqslant 0.9 \end{cases} \tag{3-21}$$

将式(3-20)代入式(3-17)可得有摩擦力影响时，平滑靴与中部槽结合面微凸体弹-塑性临界变形量为：

$$\delta_{\mu c} = \left(\frac{3\pi p_{\mu}}{4E_{pz}}\right)R_{pz} = \left(\frac{3.3\pi k_{\mu}\sigma_s}{4E_{pz}}\right)R_{pz} \tag{3-22}$$

将式(3-17)和式(3-18)代入式(3-22)中，可得有摩擦力影响时，平滑靴与中部槽结合面微凸体弹-塑性临界接触面积为：

$$a_{\mu c} = \left(\frac{3.3\pi^{0.5}k_{\mu}\sigma_s}{4E_{pz}}\right)^{\frac{2}{1-D}} \cdot G^2 \tag{3-23}$$

由于受到摩擦力的影响，图 3-3 中黏着区域的剪切应力分布为[147]：

$$\tau_n(r') = -\mu p_0 \frac{c}{r}\left[1 - \left(\frac{r'}{c}\right)^2\right]^{0.5} \quad (0 < r' < c) \tag{3-24}$$

式中 c——单个微凸体黏着区域的接触半径；

p_0——单个微凸体的法向最大接触载荷。

图 3-4 中滑动区域剪切应力分布为：

$$\tau_h(r') = \mu p_0 \left[1 - \left(\frac{r}{r}\right)^2\right]^{0.5} \quad (0 < r' < r) \tag{3-25}$$

则黏着区域的位移为[147]：

$$\delta_n = \frac{1}{4G_s} r\pi\mu p_0 \left[1 - \left(\frac{c}{r}\right)^2\right] \tag{3-26}$$

$$G_s = \left(\frac{2-\upsilon_p}{4G_p} + \frac{2-\upsilon_z}{4G_z}\right)^{-1} \tag{3-27}$$

式中 G_s——单个微凸体等效剪切模量；

G_p、G_z——平滑靴与中部槽的剪切模量。

基于以上分析，采煤机平滑靴与刮板输送机中部槽结合面单个微凸体受到的总切向力 p_t 为：

$$p_t = \frac{2}{3}\pi(\tau_h \cdot r^2 - \tau_n \cdot c^2) = \frac{2\pi r^2}{3}\mu p_0\left[1-\left(\frac{c}{r}\right)^3\right] \tag{3-28}$$

$$\frac{c}{r} = \left(1-\frac{3p_t}{2\mu\pi r^2 \cdot p_0}\right)^{\frac{1}{3}} = \left(1-\frac{p_t}{p_n}\right)^{\frac{1}{3}} \tag{3-29}$$

将式(3-29)代入式(3-28)中，并对式(3-26)中 δ_n 求微分，可得采煤机平滑靴与刮板输送机中部槽结合面单个微凸体接触切向刚度为：

$$k'_t = \frac{8G_s r\left[1-\left(\frac{c}{r}\right)^3\right]}{3\left[1-\left(\frac{c}{r}\right)^2\right]} \tag{3-30}$$

基于以上分析，结合采煤机实际工况，当结合面接触点发生塑性变形时，采煤机平滑靴和刮板输送机的结合面已经发生损坏，因此在对采煤机平滑靴与刮板输送机中部槽结合面切向刚度模型建立的过程中，只考虑其结合面接触点弹性阶段变形，根据式(3-19)和式(3-30)，并假设结合面法向载荷为 P_{np}，切向载荷为 P_{tp}，则平滑靴与中部槽结合面总切向刚度为：

$$\begin{aligned} K'_t &= \int_{a_{\mu c}}^{a_{\mathrm{pzmax}}} \frac{8G_s \dfrac{P_{tp}}{\mu P_{np}}}{3\left[1-\left(1-\dfrac{P_{tp}}{\mu P_{np}}\right)^{\frac{2}{3}}\right]} \cdot \left(\frac{3}{4E_{pz}}\frac{P_{np}a_{pz}}{A_{pz}}\frac{a_{pz}^{0.5D}G^{1-D}}{\pi}\right)^{\frac{1}{3}} \cdot \frac{D}{2}\psi^{1-0.5D}a_{pz}^{-1-0.5D}\mathrm{d}a \\ &= \left(\frac{3}{4\pi}\right)^{\frac{1}{3}} \cdot \frac{4D}{1-D} \cdot \frac{\dfrac{G_s \cdot P_{tp}}{\mu P_{np}}}{1-\left(1-\dfrac{P_{tp}}{\mu P_{np}}\right)^{\frac{2}{3}}} \cdot \left(\frac{P_{np}}{E_{pz} \cdot A_{pz}}\right) \cdot \psi^{1-0.5D}G^{\frac{1-D}{3}}a_{\max}^{0.5D}\left(a_{pz}^{\frac{1-D}{3}} - a_{\mu c}^{\frac{1-D}{3}}\right) \end{aligned} \tag{3-31}$$

依据式(3-31)可得采煤机前后平滑靴与刮板输送机中部槽结合面总的切向刚度为：

$$k_{qpx} = \left(\frac{3}{4\pi}\right)^{\frac{1}{3}} \cdot \frac{4D}{1-D} \cdot \frac{\dfrac{G_s \cdot P_{tqp}}{\mu P_{nqp}}}{1-\left(1-\dfrac{P_{tqp}}{\mu P_{nqp}}\right)^{\frac{2}{3}}} \cdot \left(\frac{P_{nqp}}{E_{pz} \cdot A_{pz}}\right) \cdot \psi^{1-0.5D}G^{\frac{1-D}{3}}a_{\max}^{0.5D}\left(a_{pz}^{\frac{1-D}{3}} - a_{\mu c}^{\frac{1-D}{3}}\right) \tag{3-32}$$

$$k_{hpx} = \left(\frac{3}{4\pi}\right)^{\frac{1}{3}} \cdot \frac{4D}{1-D} \cdot \frac{\dfrac{G_s \cdot P_{thp}}{\mu P_{nqp}}}{1-\left(1-\dfrac{P_{thp}}{\mu P_{nhp}}\right)^{\frac{2}{3}}} \cdot \left(\frac{P_{nhp}}{E_{pz} \cdot A_{pz}}\right) \cdot \psi^{1-0.5D}G^{\frac{1-D}{3}}a_{\max}^{0.5D}\left(a_{pz}^{\frac{1-D}{3}} - a_{\mu c}^{\frac{1-D}{3}}\right) \tag{3-33}$$

式中 P_{tqp}、P_{thp}——牵引方向采煤机前后平滑靴与刮板输送机中部槽结合面的切向载荷；

P_{nqp}、P_{nhp}——牵引方向采煤机前后平滑靴与刮板输送机中部槽结合面的法向载荷；

A_{pz}——采煤机平滑靴与刮板输送机中部槽实际接触面积。

基于以上分析，采煤机在实际工作过程中，由于摩擦力的影响，平滑靴与中部槽结合面的接触阻尼主要表现为迟滞阻尼，其切向阻尼为[148]：

$$C'_t = \varepsilon \cdot K'_t \tag{3-34}$$

式中，ε 为结合面切向接触阻尼损耗因子[149]：

$$\varepsilon=\frac{24-24\cdot\left(1-\frac{P_{tp}}{\mu P_{np}}\right)^{\frac{5}{3}}-\frac{20P_{tp}}{\mu P_{np}}\left[1-\left(1-\frac{P_{tp}}{\mu P_{np}}\right)^{\frac{2}{3}}\right]}{2\pi\cdot\left[3+2\cdot\left(1-\frac{P_{tp}}{\mu P_{np}}\right)^{\frac{5}{3}}-5\cdot\left(1-\frac{P_{tp}}{\mu P_{np}}\right)^{\frac{2}{3}}\right]} \tag{3-35}$$

3.2.2　含有间隙的行走轮与销排啮合面法向刚度模型

采煤机在实际工作过程中，由于采煤机行走箱中的行走轮与刮板输送机销排之间存在着间隙，进而影响行走轮与销排的接触特性。在此假设采煤机在初始位置时，采煤机行走轮与刮板输送机销排两边的间隙为 d_{xz}，如图 3-5 所示。

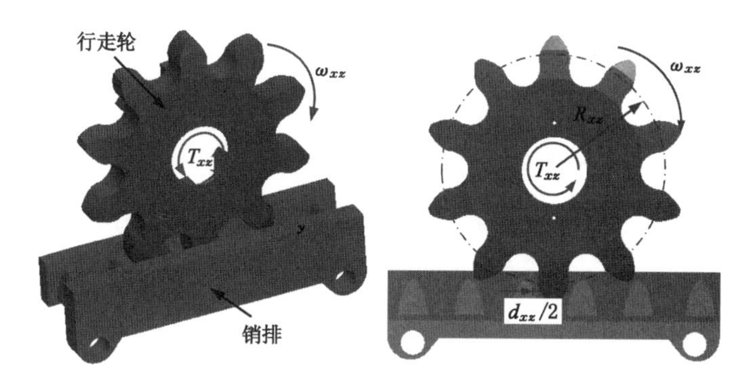

图 3-5　行走轮与销排接触模型

根据采煤机工作时，行走轮与销排的接触性质以及工作特性，可以将行走轮与销排的接触模型近似看作为两个齿轮啮合模型，考虑其存在间隙的因素，前后行走轮与销排结合面法向接触可表示为：

$$K_{nx}=\begin{cases}\dfrac{T_{xz}}{R_{xz}\delta_{nx}} & \left|\left[x_i-e_i(t)\right]-\omega_{xz}R_{xz}\right|>\dfrac{d_{xz}}{2}\\ 0 & \left|\left[x_i-e_i(t)\right]-\omega_{xz}R_{xz}\right|\leqslant\dfrac{d_{xz}}{2}\end{cases}\quad(i=4,9) \tag{3-36}$$

式中　T_{xz}——采煤机行走轮的扭矩；

R_{xz}——行走轮的分度圆半径；

δ_{nx}——采煤机行走轮与刮板输送机销排结合面的法向综合变形量；

ω_{xz}——行走轮的角速度；

x_i——前后行走轮振动位移；

$e_i(t)$——齿频误差函数，$e_i(t)=e_i\sin(\omega_{xz}t+\xi_i)$；

e_i——齿频误差幅值；

ξ_i——齿频误差初始相位角。

行走轮与销排在实际接触过程中，δ_{nx} 法向综合变形量应包含由于轮齿的塑性弯曲、轮毂的塑性变形、轴和支撑结构的塑性变形引起的齿面接触位置的变化，以及齿面的局部接触产生的弹性变形。本书只考虑行走轮与销排接触过程中，发生弹性变形阶段其综合变形量对结合面接触刚度的影响，因此 δ_{nx} 法向综合变形量可表示为：

$$\delta_{nx}=\begin{cases}\omega_{xz}R_{xz}-\dfrac{d_{xz}}{2}-[x_i+e_i(t)] & [x_i-e_i(t)]-\omega_{xz}R_{xz}\leqslant-\dfrac{d_{xz}}{2}\\ 0 & -\dfrac{d_{xz}}{2}<[x_i-e_i(t)]-\omega_{xz}R_{xz}\leqslant\dfrac{d_{xz}}{2}\\ [x_i+e_i(t)]-\dfrac{d_{xz}}{2}-\omega_{xz}R_{xz} & [x_i-e_i(t)]-\omega_{xz}R_{xz}>\dfrac{d_{xz}}{2}\end{cases}\quad(i=4,9) \tag{3-37}$$

基于以上分析,采煤机前后行走轮与刮板输送机接触刚度为:

$$k_{qdx}=\begin{cases}\dfrac{T_{xz}}{R_{xz}\left\{\omega_{xz}R_{xz}-\dfrac{d_{xz}}{2}-[x_4+e_4(t)]\right\}} & [x_4-e_4(t)]-\omega_{xz}R_{xz}\leqslant-\dfrac{d_{xz}}{2}\\ 0 & -\dfrac{d_{xz}}{2}<[x_4-e_4(t)]-\omega_{xz}R_{xz}\leqslant\dfrac{d_{xz}}{2}\\ \dfrac{T_{xz}}{R_{xz}\left\{[x_4+e_4(t)]-\dfrac{d_{xz}}{2}-\omega_{xz}R_{xz}\right\}} & [x_4-e_4(t)]-\omega_{xz}R_{xz}>\dfrac{d_{xz}}{2}\end{cases} \tag{3-38}$$

$$k_{hdx}=\begin{cases}\dfrac{T_{xz}}{R_{xz}\left\{\omega_{xz}R_{xz}-\dfrac{d_{xz}}{2}-[x_9+e_9(t)]\right\}} & [x_9-e_9(t)]-\omega_{xz}R_{xz}\leqslant-\dfrac{d_{xz}}{2}\\ 0 & -\dfrac{d_{xz}}{2}<[x_9-e_9(t)]-\omega_{xz}R_{xz}\leqslant\dfrac{d_{xz}}{2}\\ \dfrac{T_{xz}}{R_{xz}\left\{[x_9+e_9(t)]-\dfrac{d_{xz}}{2}-\omega_{xz}R_{xz}\right\}} & [x_9-e_9(t)]-\omega_{xz}R_{xz}>\dfrac{d_{xz}}{2}\end{cases} \tag{3-39}$$

3.2.3 调高油缸支撑刚度模型

采煤机在实际工作过程中,通过调整调高油缸的行程改变采煤机举升角,进而改变采煤机滚筒的高度来截割综采工作面中不同采高的煤岩。在此过程中,由于调高油缸行程的变化,从而影响着调高油缸等效支撑刚度的变化。以采煤机前截割部调高系统为例,对调高油缸等效支撑刚度进行描述,图 3-6 为采煤机调高系统的示意图,通过调高油缸行程的变化,采煤机滚筒回转点 O_d 由初始位置 G_0 变化到 G_t。

由以上分析可得,采煤机调高油缸的伸缩量 x_{tg} 为:

$$x_{tg}=S_t-S_0=b\cdot\left(\frac{\Delta H}{b}+\sin\alpha_1\right)\cos\frac{\alpha_1}{2}-2(e+p)\sin\frac{\alpha_1}{2}\cos\frac{\arcsin\left(\dfrac{\Delta H}{b}\sin\alpha_1\right)}{2} \tag{3-40}$$

$$\Delta H=b\cdot[\sin(\alpha_1+\alpha_{zj})-\sin\alpha_1] \tag{3-41}$$

式中 x_{tg}——采煤机调高油缸的变化量;

S_l——采煤机前截割部调高油缸的初始行程;

S_t——采煤机滚筒在 G_t 位置时,调高油缸的行程;

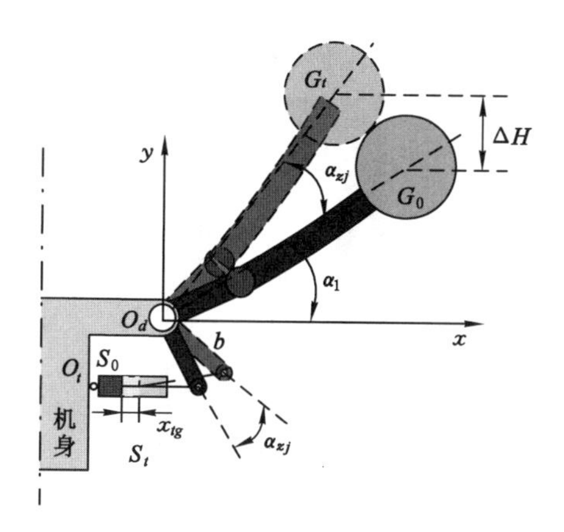

图 3-6 调高系统示意图

ΔH——采煤机采高的变化量；

α_{qz}——采煤机前截割部举升角的变化量。

采煤机前截割部调高油缸等效支撑刚度可表示为：

$$k_{qtx}=\frac{4\beta_e B_m}{V_m(S_1+x_{tg})}=\frac{4\beta_e B_m}{V_m\left(S_1+(e+p)\sin(\alpha_1+\alpha_{qz})\cdot\cos\frac{\alpha_1}{2}-2(e+p)\sin\frac{\alpha_1}{2}\cdot\cos\frac{\arcsin(\sin(\alpha_1+\alpha_{qz})\cdot\sin\alpha_1-\sin^2\alpha_1)}{2}\right)}\tag{3-42}$$

式中 β_e——采煤机调高油缸的有效体积弹性模量；

B_m——采煤机调高油缸两腔的作用面积平均值；

V_m——采煤机调高油缸两腔当量总容积的平均值。

基于以上分析，采煤机后截割部调高油缸的等效支撑刚度可表示为：

$$k_{htx}=\frac{4\beta_e B_m}{V_m\left(S_1+(e+p)\sin(\alpha_{11}+\alpha_{hz})\cdot\cos\frac{\alpha_{11}}{2}-2(e+p)\sin\frac{\alpha_{11}}{2}\cdot\cos\frac{\arcsin(\sin(\alpha_{11}+\alpha_{hz})\cdot\sin\alpha_{11}-\sin^2\alpha_{11})}{2}\right)}\tag{3-43}$$

式中 α_{hz}——采煤机后截割部举升角的变化量。

3.2.4 摇臂刚度模型

基于以上分析，由材料力学可得，采煤机摇臂等效刚度为：

$$k_{x2}=k_{x10}=\frac{3E_eI_e}{p^3}\tag{3-44}$$

式中 E_e——采煤机摇臂材料的弹性模量；

I_e——采煤机摇臂截面的惯性矩。

为方便计算摇臂截面的惯性矩 I_e，将摇臂截面简化如图 3-7 所示[151]，则采煤机摇臂截面惯性矩为：

$$I_e=\frac{h_0^3b_0}{12}-\frac{h_1^3b_1}{12}\tag{3-45}$$

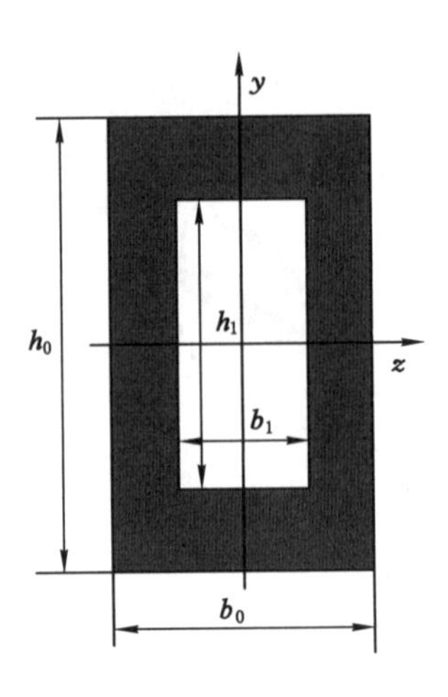

图 3-7　摇臂截面

3.2.5　机身与牵引部连接刚度模型

采煤机的机身与牵引部间通过 4 根液压拉杠进行连接，所以，可以利用 4 根拉杠的刚度模型描述机身与牵引部间的连接状态。为满足采煤机实际工作过程中的要求，在采煤机组装过程中，采煤机液压拉杠需要有一定的预紧量。进而在采煤机实际工作过程中，由于受到采煤机牵引部、机身的振动转角和振动位移的影响，在某一时刻采煤机四根液压拉杠会分别出现既不拉伸也不压缩的情况，即刚度为零情况，需要对该情况下的采煤机四根液压拉杠的刚度特性进行描述。为采煤机液压拉杠空间位置如图 3-1 所示。依据在国家能源采掘装备研发实验中心内建立的采煤机工作面力学检测分析实验平台，本书所需采煤机液压拉杠相关参数如表 3-1 所示。

表 3-1　液压拉杠相关参数

液压拉杠代号	处于位置	螺纹规格	夹紧长度/mm	预紧量/mm
l_{ckx}	采空侧下方	M56×4	3 460	6
l_{cks}	采空侧上方	M56×4	4 370	7
l_{cmx}	采煤侧下方	M56×4	3 460	6
l_{cms}	采煤侧上方	M56×4	6 080	10

基于以上分析，采煤机液压拉杠的刚度为：

$$k_{cms}=\begin{cases}\dfrac{3E_eI_e}{l_{cms}^3} & x_7-x_3-\dfrac{j}{2}\cdot(\eta_{z3}+\eta_{z7})\neq 10\\ 0 & x_7-x_3-\dfrac{j}{2}\cdot(\eta_{z3}+\eta_{z7})=10\end{cases}\tag{3-46}$$

$$k_{cmx}=\begin{cases}\dfrac{3E_eI_e}{l_{cmx}^3} & x_7-x_3-\dfrac{j}{2}\cdot(\eta_{z3}+\eta_{z7})\neq 6\\ 0 & x_7-x_3-\dfrac{j}{2}\cdot(\eta_{z3}+\eta_{z7})=6\end{cases}\tag{3-47}$$

$$k_{cks}=\begin{cases}\dfrac{3E_eI_e}{l_{cks}^3} & x_7-x_3-\dfrac{j}{2}\cdot(\eta_{z3}+\eta_{z7})\neq 7\\ 0 & x_7-x_3-\dfrac{j}{2}\cdot(\eta_{z3}+\eta_{z7})=7\end{cases} \tag{3-48}$$

$$k_{ckx}=\begin{cases}\dfrac{3E_eI_e}{l_{ckx}^3} & x_7-x_3-\dfrac{j}{2}\cdot(\eta_{z3}+\eta_{z7})\neq 6\\ 0 & x_7-x_3-\dfrac{j}{2}\cdot(\eta_{z3}+\eta_{z7})=6\end{cases} \tag{3-49}$$

式中，$I_{lg}=\dfrac{\pi D_{lg}^4}{64}$为采煤机压液压拉杠的截面惯性矩，其中 D_{lg} 为液压拉杠的直径。

3.3　仿真结果分析

基于以上分析，采用数值求解方法对采煤机牵引-摇摆耦合动力学方程进行求解，得到采煤机滚筒、摇臂、行走箱和机身等关键零部件的动态响应曲线仿真分析如下。

3.3.1　振动位移和振动摆角特性分析

在采煤机牵引速度为 3 m/min，滚截割深度 600 mm，滚筒转速 32 r/min，俯仰角为 0，前摇臂的举升角为 27°，后摇臂举升角为 −15°以及煤岩坚固系数 $f=3$ 工况参数下，截取 20 s 内采煤机各关键零部件的振动位移与振动摆角曲线如图 3-8 所示。其中采煤机各部分的质量如表 3-2 所示。

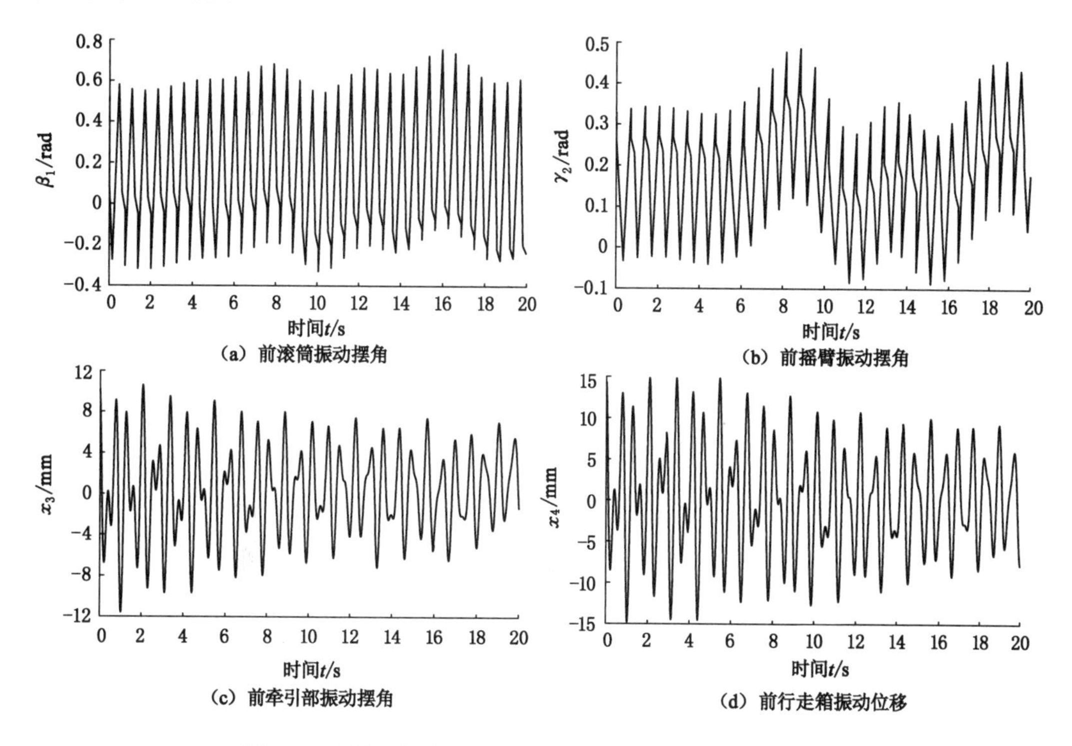

图 3-8　采煤机各关键零部件的振动位移与振动摆角曲线

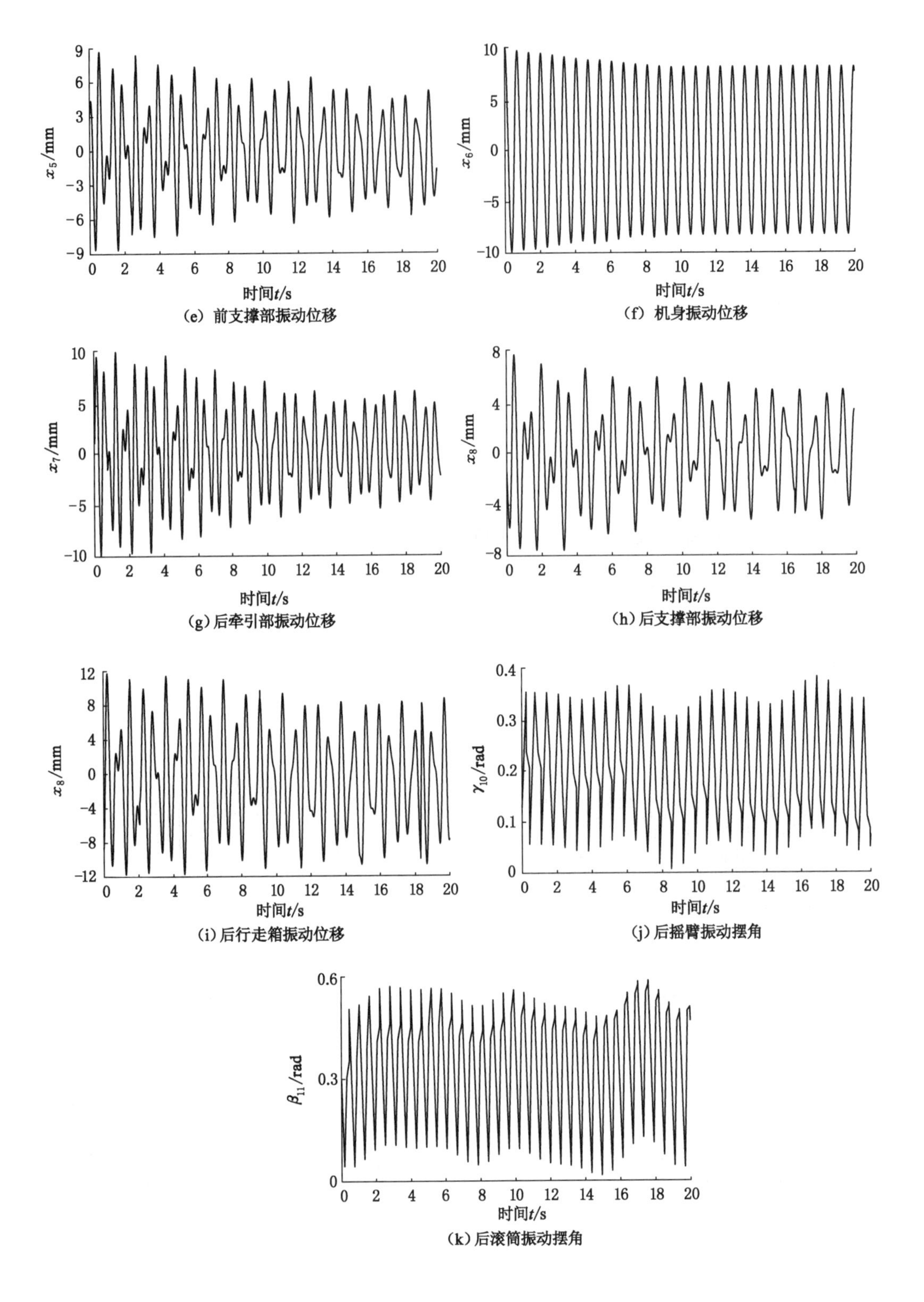

(e) 前支撑部振动位移

(f) 机身振动位移

(g) 后牵引部振动位移

(h) 后支撑部振动位移

(i) 后行走箱振动位移

(j) 后摇臂振动摆角

(k) 后滚筒振动摆角

图 3-8(续)

表 3-2　采煤机各部分的质量

名称	滚筒	摇摆	牵引部	行走箱	支撑部	机身
质量/kg	5×10^3	8.5×10^3	9.6×10^3	3.2×10^3	2.5×10^3	19.3×10^3

由图 3-8 可知，采煤机在正常截割工况下，前滚筒截割顶部煤，后滚筒截割底部煤，导致前滚筒的截割载荷比后滚筒的截割载荷大。并且采煤机前滚筒与煤岩发生接触碰撞过程中，受到的载荷冲击较大，采煤机的前滚筒、摇臂、牵引部、行走箱、支撑部振动摆角与振动位移的振动幅度比后部分要大，其中前滚筒的振动摆角波动范围为－0.4～0.8 rad，前摇臂的振动摆角波动范围为－0.1～0.5 rad。

采煤机在截煤过程中，前后截割部的举升角会影响着前后截割部调高油缸的等效刚度，从图 3-8 中可以看出，采煤机前后部分的时域响应曲线存在着一定的相位差，并且随着振动由滚筒逐渐向机身传递，采煤机前后部分之间的相位差逐渐减小，并且抵消，进而采煤机机身的振动位移比较稳定。

由于在 3.2.2 节中对行走轮与销排接触特性描述过程中，假设初始位置行走轮的单个齿与销排两端的间隙相等，因此采煤机前后行走箱、前后牵引部、前后支撑部的振动位移都在 0 附近上线波动。由图 3-8(d)和图 3-8(j)可以看出，在 0～10 s 时间内采煤机前行走箱在±15 mm 之间上下波动，而后行走箱在±12 mm 之间上下波动，在 10 s 以后采煤机前后行走箱的振动幅度逐渐稳定在行走轮与销排间的间隙值间，为±8 mm。

从图 3-8(c)、图 3-8(f)、图 3-8(h)、图 3-8(i)中可以看出，采煤机牵引部与行走箱、支撑部采用紧密连接方式，不存在间隙，因此采煤机牵引部和支撑部的振动位移曲线波动趋势与行走箱振动位移的波动趋势相似。并且牵引部的振动特性受到行走箱的振动特性影响，在 10 s 之后前后牵引部的振动位移波动范围逐渐稳定在±8 mm 之间，而采煤机支撑部直接与牵引部相连，采煤机牵引部的振动特性直接影响着支撑部的振动特性，在 10 s 之后前后支撑部的振动位移波动范围逐渐稳定在±6 mm 之间。采煤机机身与前后牵引部采用四根液压拉杠紧固在一起，进而机身的振动特性受到前后牵引部的振动特性影响，在 10 s 前后机身的振动位移波动范围也逐渐稳定在±8 mm 之间。

3.3.2　振动加速度特性分析

基于以上分析，采煤机前部分比后部分的振动幅度大，并且前牵引部、支撑部和行走箱的振动位移的波动趋势近似，并且采煤机行走箱中的行走轮直接与刮板输送机销排发生接触碰撞，因此本节重点对前滚筒、摇臂、行走箱、机身的振动加速度特性进行分析。

在采煤机整机动力学系统的模型中，采煤机滚筒作为载荷的输入端，而摇臂作为距离滚筒最近的采煤机部件，滚筒所受到的冲击载荷直接传递给采煤机摇臂，摇臂的振动加速度特性受到采煤机滚筒的影响，其振动加速度曲线波动趋势与采煤机滚筒振动加速度曲线的波动趋势近似，并且采煤机摇臂直接与采煤机牵引部相连，由于采煤机牵引部的质量相对于摇臂质量较大，并且牵引部与采煤机行走箱、支撑部采用紧密连接方式，不存在间隙，三者质量加起来要远远大于摇臂自身的质量，进而会影响采煤机摇臂振动加速度波动的幅度，从图 3-9(a)与图 3-9(b)中可以看出，采煤机滚筒振动加速度波动范围为±450 rad/s^2，摇臂振动加速度波动范围为±380 rad/s^2。

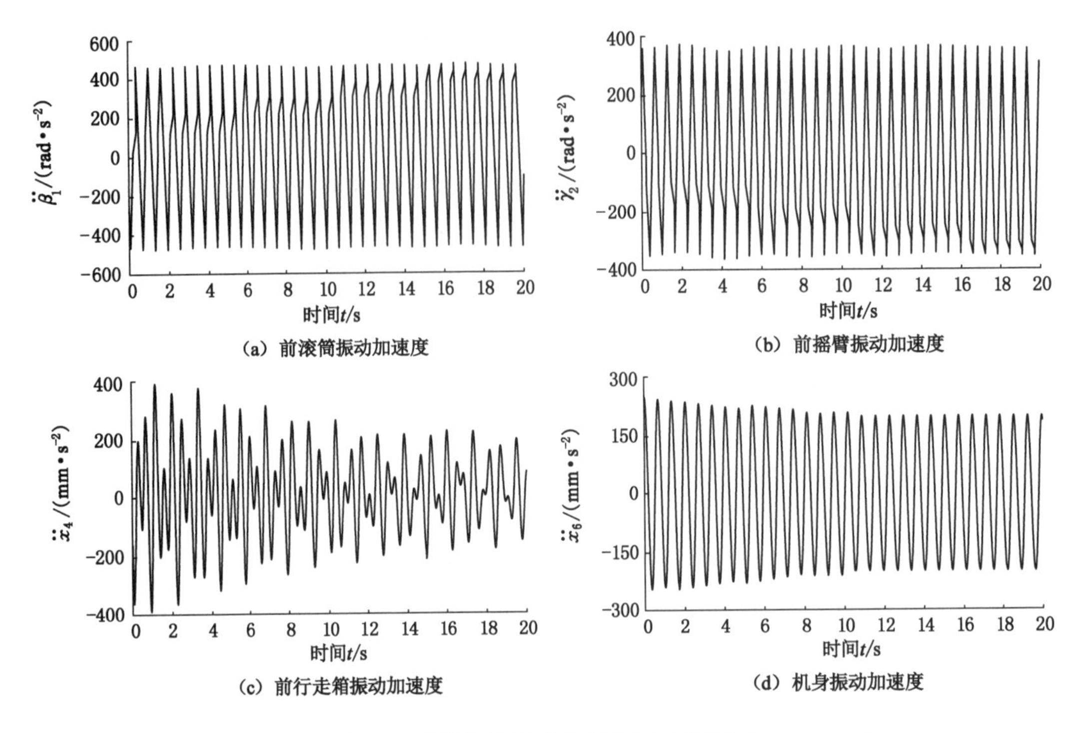

(a) 前滚筒振动加速度

(b) 前摇臂振动加速度

(c) 前行走箱振动加速度

(d) 机身振动加速度

图 3-9 采煤机关键零部件振动加速度曲线

由图 3-9(c)采煤机行走箱振动加速度曲线，并结合 3.2.1 中对采煤机行走箱振动位移的分析可以看出，在 0～10 s 之间由于存在接触间隙的因素，行走轮与销排两端接触状态发生了，未接触、接触、碰撞三个接触状态，并且在这三个不同的接触状态相互错杂转变，当行走轮与销排发生碰撞时，产生了强烈的载荷冲击，行走箱的振动加速度波动范围接近±400 mm/s^2，由数值可以看出，所受到的载荷冲击已经大于摇臂受到的载荷冲击，更接近采煤机滚筒受到的载荷冲击，对行走轮和销排的加工工艺水平以及行走轮连接销轴的可靠性是一个巨大的考验；当行走轮与销排只发生接触时，行走箱振动加速度波动范围为±200 mm/s^2；当行走轮与销排未发生接触时，行走箱振动加速度波动范围为±100 mm/s^2。在 10 s 之后，由于受到自身的质量影响，采煤机行走箱振动加速度的波动范围区域稳定，其行走轮与销排之间的接触状态只存在接触与未接触两个状态。

基于以上分析，由图 3-9(c)采煤机行走箱振动加速度曲线，可以近似得到采煤机牵引部振动加速度特性，并结合图 3-9(b)摇臂的振动加速度曲线，由加速度振幅可以看出，在采煤机摇臂与牵引部连接销轴的位置，会产生较强的载荷冲击，会加剧摇臂连接销轴的损耗。由图 3-9(d)可以看出，由于受到采煤机行走箱和牵引部振动特性的影响，并且采煤机机身作为采煤机整个振动系统的末端，其振动响应由采前后牵引部传导于自身，在 0～10 s 时有较小的载荷冲击，并且由以上对位移分析中可以看出，在 0～10 s 时间内与前后牵引部均发生接触碰撞，并且受到液压拉杠预紧量的影响，其碰撞载荷较小，在 10 s 之后采煤机机身的振动加速度曲线逐渐稳定，由于其波动范围为±200 mm/s^2，与行走箱振动棒稳定状态下的波动范围近似。

3.3.3　振动相图与庞加莱截面图

采煤机摇臂作为截割部的重要部件，并且其中存在着复杂的截割部齿轮传递系统，摇臂的动态特性直接影响着采煤机的截煤和装煤的效率，因此本节重点对采煤机前摇臂、行走箱以及机身的振动位移响应特征进行分析。

从图 3-10(a)和图 3-10(b)可以看出，采煤机前摇臂的振动性质为拟周期运动，并且振动趋势逐渐向混沌运动转变，基于以上分析，进而可以推断出采煤机滚筒和摇臂的振动性质均为拟周期运动，振动趋势逐渐向混沌运动转变；从图 3-10(c)和图 3-10(d)可以看出，采煤机前行走箱的振动性质为混沌运动，由此可以推断出，采煤机行走箱、支撑部、牵引部的振动性质均为混沌状态；从图 3-10(e)和图 3-10(f)可以看出，机身的振动性质为周期性运动，并且逐渐趋于稳定。

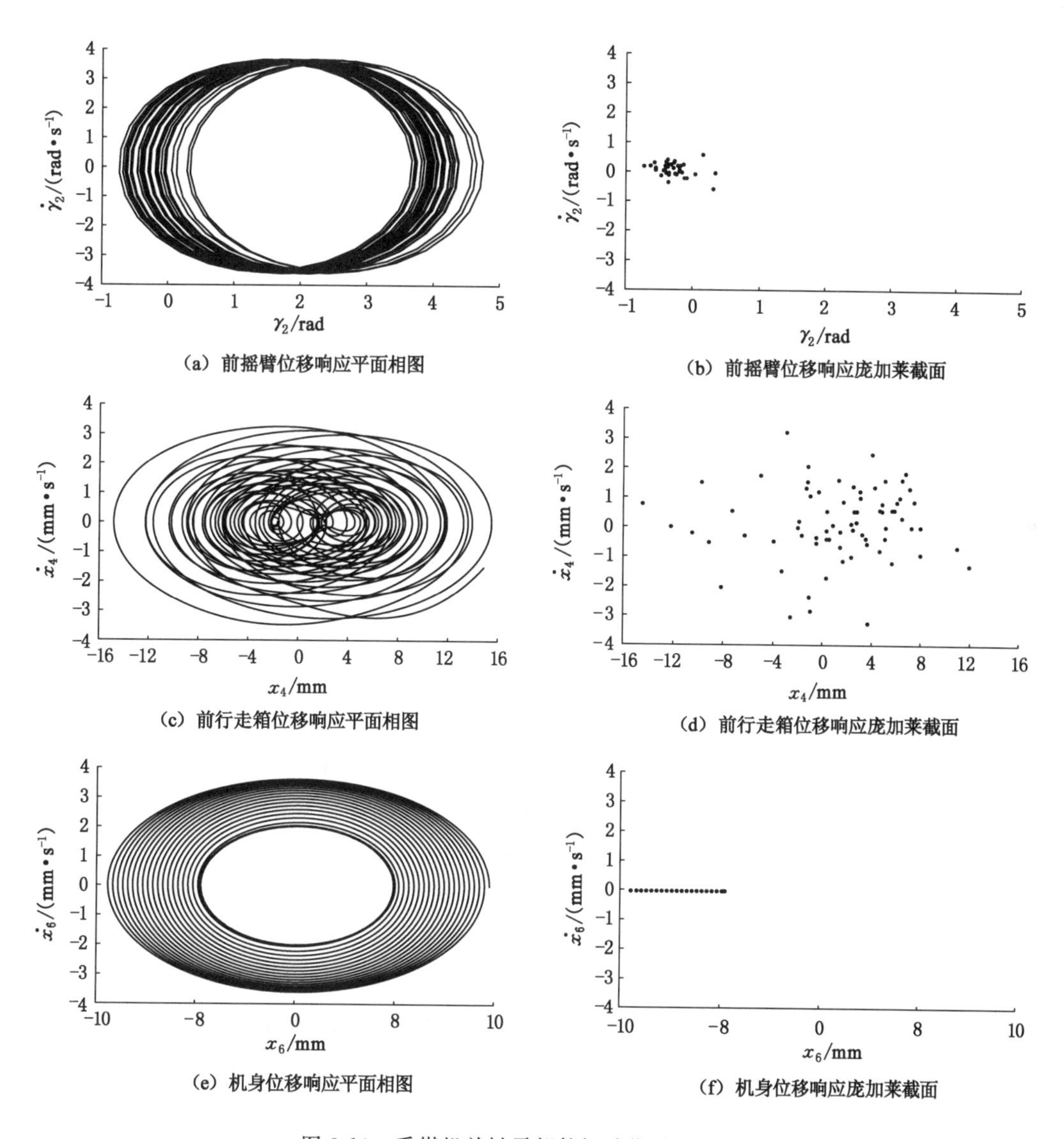

(a) 前摇臂位移响应平面相图　(b) 前摇臂位移响应庞加莱截面

(c) 前行走箱位移响应平面相图　(d) 前行走箱位移响应庞加莱截面

(e) 机身位移响应平面相图　(f) 机身位移响应庞加莱截面

图 3-10　采煤机关键零部件振动位移响应特征

3.3.4 频域响应曲线特性分析

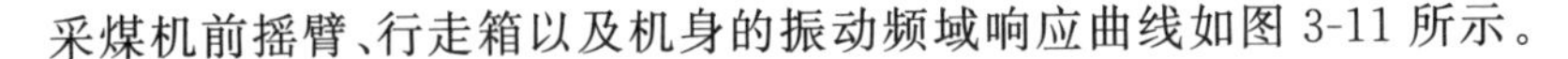

采煤机前摇臂、行走箱以及机身的振动频域响应曲线如图 3-11 所示。

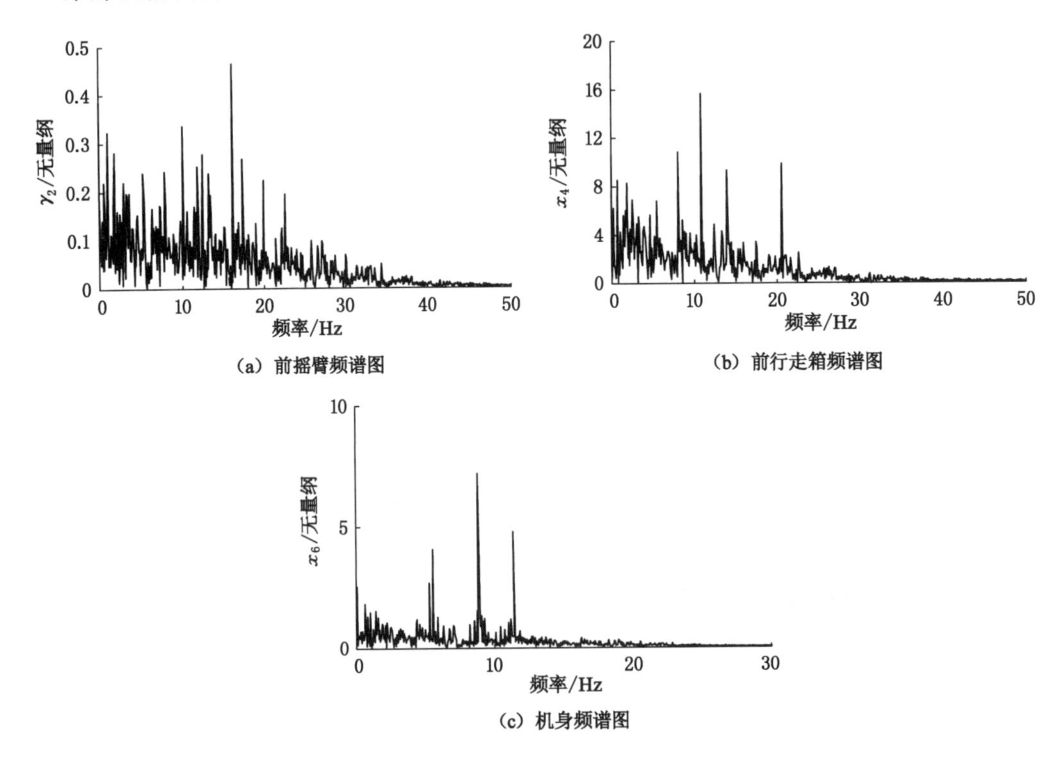

图 3-11 采煤机关键零部件振动频谱图

由图 3-11 可以看出，牵引方向上采煤机前侧摇臂、行走箱、机身的振动频率均为低频振动，主频率分别为 17.57 Hz、11.89 Hz、8.83 Hz，并且在振动频谱中夹杂着一些较低的频率特性。

3.3.5 不同工况参数下动力学特性分析

基于以上分析，采用数值分析方法分别求解了采煤机俯仰角为 0，煤壁坚固性系数为 $f=3$，牵引速度分别为 1.5 m/min、2 m/min、2.5 m/min、3 m/min、3.5 m/min 时，采煤机前滚筒、前摇臂、前牵引部、前行走箱以及机身的振动摆角和振动位移的平均值。图 3-12 为采煤机关键零部件在不同牵引速度下的振动摆角和振动位移均值。

从图 3-12 中可以看出，当采煤机牵引速度逐渐增大，采煤机各部分的振动位移和振动摆角也随之增大，其中滚筒和摇臂振动摆角变化趋势相同，滚筒振动摆角均值由 0.18 rad 变化到 0.37 rad，摇臂振动摆角均值由 0.17 rad 变化到 0.32 rad。由于采煤机在牵引速度改变过程中，主要通过改变行走箱中行走轮的转速来改变与销排啮合的频率，进而改变采煤机的牵引速度，因此在采煤机牵引速度增大的过程中，行走箱的振动位移增大趋势较明显，行走箱的振动位移均值由 2.13 mm 变化到 5.94 mm。并且由于行走箱直接与牵引部连接进而牵引部的振动位移趋势逐渐增大，由于牵引部的质量过大并且另一端与支撑部连接，因

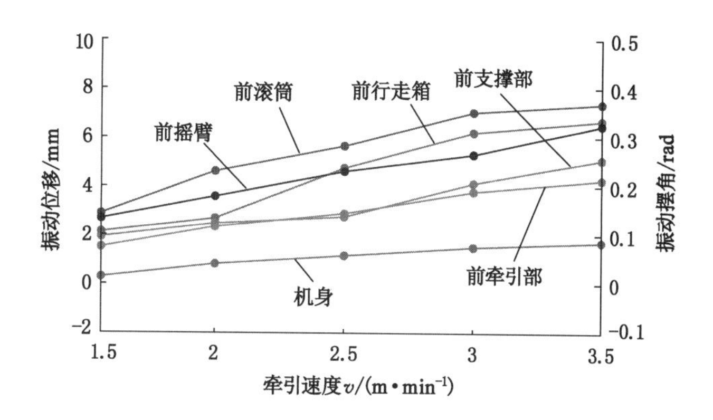

图 3-12　不同牵引速度下采煤机关键零部件振动位移

此增大的趋势不太明显。由于支撑部与牵引部直接连接，在每个牵引速度下，支撑部的振动位移平均值与牵引部的近似相等。由于机身作为牵引方向上采煤机整机系统载荷传递的最末端，同时受到采煤机前后部分的动态特性共同的影响，因此在牵引速度变化的过程中振动位移的变化较稳定。

接下来，采用数值分析方法求解采煤机牵引速度为 3 m/min，俯仰角为 0，煤壁坚固性系数分别为 $f=3$、$f=4$、$f=5$ 时，采煤机前滚筒、前摇臂、前牵引部、前行走箱以及机身的振动摆角和振动位移平均值。图 3-13 为采煤机关键零部件在不同煤岩硬度下的振动摆角和振动位移均值。

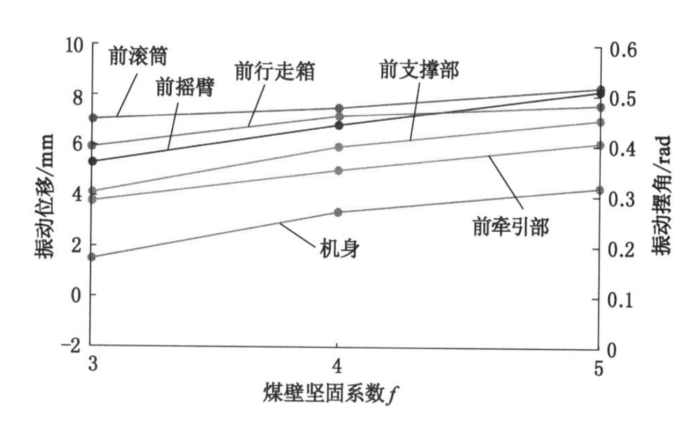

图 3-13　不同煤岩硬度下采煤机关键零部件振动位移

从图 3-13 中可以看出，随着煤岩硬度的增加，采煤机各部分的振动位移均值也随之增大，并且增大趋势较为平缓。当煤岩坚固系数 $f=5$ 时，采煤机滚筒与摇臂的振动摆角的均值近似相同。由于煤岩硬增大，采煤机行走轮与销排、平滑靴与中部槽结合面的接触特性也随之变化，进而行走箱在牵引方向上的振动位移均值逐渐接近行走轮与销排之间的间隙量，随着煤岩硬度增大，采煤机前行走箱振动位移变化范围为 5.94～7.12 mm，采煤机支撑部振动位移与牵引部的差值随着煤岩硬度的增大而增大。

以下采用数值分析方法，分别求解当采煤机牵引速度为 3 m/min，煤壁坚固性系数 $f=3$，采煤机俯仰角分别为 0，10°，20°，30°时，采煤机前滚筒、前摇臂、前牵引部、前行走箱以及机身的振动摆角和振动位移的平均值。图 3-14 不同俯仰角下采煤机关键零部件振动位移。

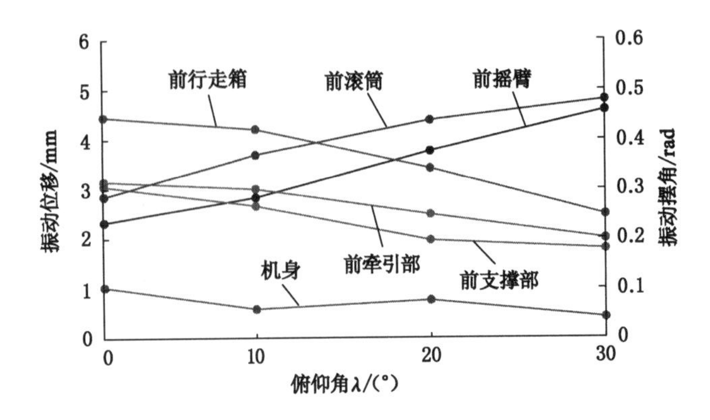

图 3-14　不同俯仰角下采煤机关键零部件振动位移

从图 3-14 中可以看出，随着采煤机俯仰角的增大，采煤机前滚筒与前摇臂的振动摆角平均值逐渐增大，其中前滚筒的振动摆角平均值变化范围为 0.32～0.48 rad，前摇臂的振动摆角平均值变化范围为 0.25～0.47 rad。当采煤机俯仰角由 0 变化到 30°时，采煤机前牵引部、前支撑部、前行走箱和机身的振动位移均值逐渐减小，其中前行走箱振动位移均值变化趋势最明显，变化范围为 4.46～2.64 mm。

4 采煤机竖直-俯仰耦合动力学特性

在实际工况下，由于受到煤岩节理发育、硬度分布不均匀等因素的影响，滚筒在截割煤岩过程中产生强烈的载荷冲击会传递给采煤机整机系统，基于以上分析，由于采煤机是采用四根不同长度的液压拉杠将前后牵引部和机身紧密连接在一起的，因此，采煤机整机竖直振动与俯仰振动与采煤机前后牵引部和机身的连接特性是相互影响的。本章综合考虑了采煤机含有间隙的采煤机摇臂与牵引部的连接特性、导向滑靴与平滑靴的支撑特性、行走箱和支撑部与牵引部的连接特性、牵引部和机身的连接特性以及摇臂的自身特性，将实验修正滚筒载荷作为系统的外激励，对采煤机整机的竖直-俯仰耦合动力学特性进行分析研究。

4.1 竖直-俯仰耦合动力学模型建立

在对采煤机整机竖直-俯仰耦合动力学特性分析过程中，同样基于 3.1 节对采煤机整机牵引-摇摆耦合动力学模型建立过程中的假设条件，采用集中参数法，多体动力学理论，将采煤机整机同样划分为 11 个部分，建立了采煤机整机竖直-俯仰耦合非线性动力学模型，如图 4-1 所示。

图中：

k_{qby}、c_{qby}、k_{hby}、c_{hby}分别为前后摇臂与牵引部等效连接刚度和阻尼；

k_{zy5}、c_{zy5}、k_{zy8}、c_{zy8}分别为前后支撑部与牵引部等效连接刚度和阻尼；

k_{zy12}、c_{zy12}、k_{zy13}、c_{zy13}分别为前后行走箱与牵引部等效连接刚度和阻尼；

k_{qpy}、c_{qpy}、k_{hpy}、c_{hpy}分别为前后平滑靴与中部槽等效支撑刚度和阻尼；

k_{qdy}、c_{qdy}、k_{hdy}、c_{hdy}分别为前后导向滑靴与销排等效支撑刚度和阻尼；

k_{y2}、k_{y10}分别为前后摇臂等效刚度，$k_{y2}=k_{x2}$，$k_{y10}=k_{x10}$；

y_2、y_{10}分别为前后摇臂的振动位移；

y_3、y_7 分别为前后牵引部的振动位移；

y_5、y_8 分别为前后支撑部的振动位移；

y_{12}、y_{13}分别为前后行走箱的振动位移；

y_6 为机身的振动位移；

η_{y3}、η_{y7}分别为前后牵引部 xoy 平面内的振动转角；

r 为牵引部的长度；

a 为上、下液压拉杠的距离。

假设初始位置时采煤机各零部件间的连接销轴处于中间位置，即两侧间隙等距。

① 系统动能为：

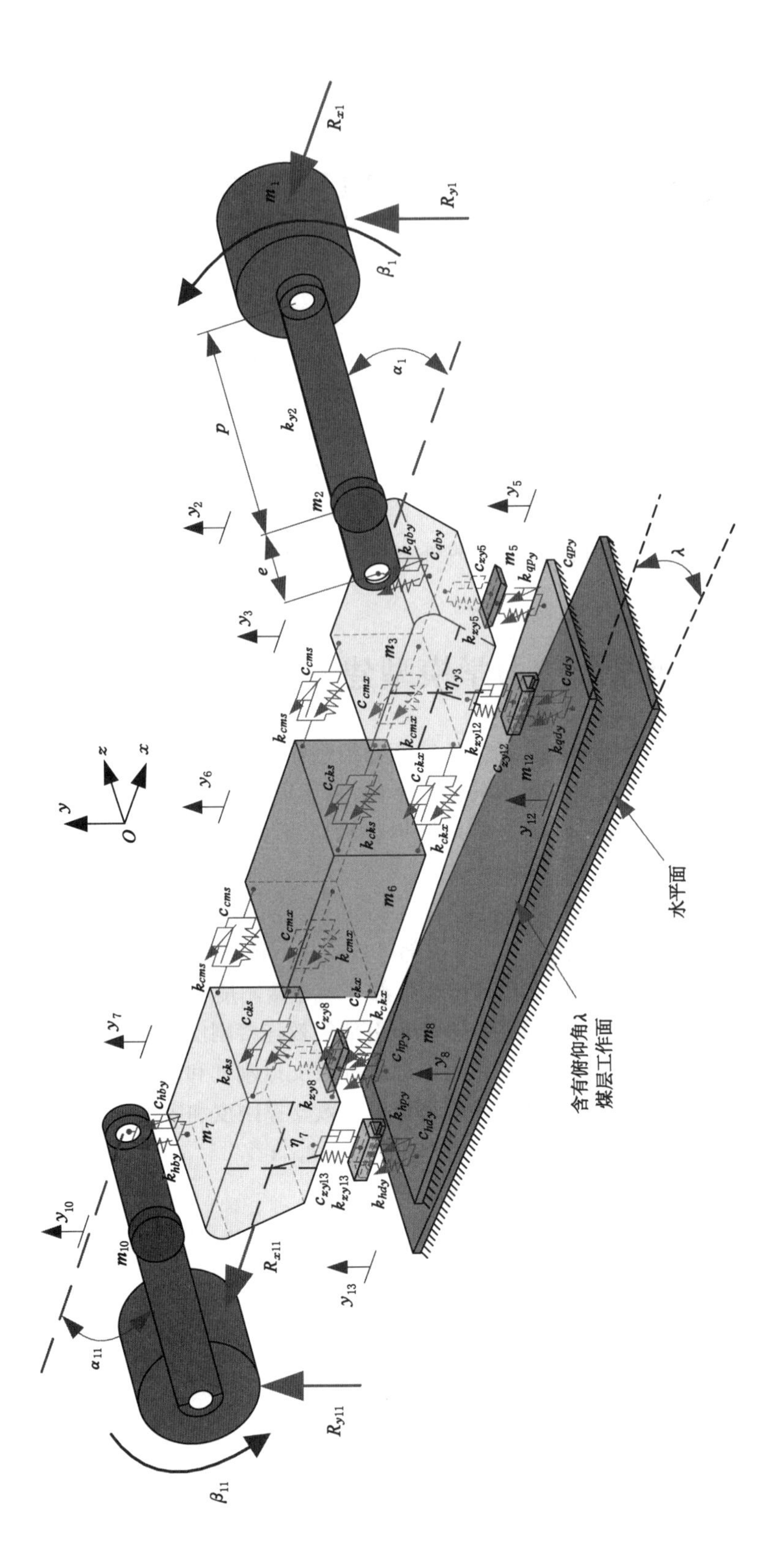

图4-1 采煤机整机竖直-俯仰耦合非线性动力学模型

$$T = T_1 + T_2 + T_3 + T_5 + T_6 + T_7 + T_8 + T_{10} + T_{11} + T_{12} + T_{13}$$
$$= \frac{1}{2}m_1(v_{x1}^2 + v_{y1}^2) + \frac{1}{2}m_2\dot{y}_2^2 + \frac{1}{2}m_3\dot{y}_3^2 + \frac{1}{2}I_{y3}\cdot\dot{\eta}_{y3}^2 + \frac{1}{2}m_5\dot{y}_5^2 + \frac{1}{2}m_6\dot{y}_6^2 +$$
$$\frac{1}{2}m_7\dot{y}_7^2 + \frac{1}{2}I_{y7}\cdot\dot{\eta}_{y7}^2 + \frac{1}{2}m_8\dot{y}_8^2 + \frac{1}{2}m_{10}\dot{y}_{10}^2 + \frac{1}{2}m_{11}(v_{x11}^2 + v_{y11}^2) +$$
$$\frac{1}{2}m_{12}\dot{y}_{12}^2 + \frac{1}{2}m_{13}\dot{y}_{13}^2 \tag{4-1}$$

基于以上分析，此时：

$$\begin{cases} v_{x1} = p\cdot\dot{\beta}\cdot\cos\alpha_1 \\ v_{y1} = \dot{y}_2 - p\cdot\dot{\beta}\cdot\sin\alpha_1 \end{cases} \tag{4-2}$$

$$\begin{cases} v_{x11} = p\cdot\dot{\beta}\cdot\cos\alpha_{11} \\ v_{y11} = \dot{y}_{10} - p\cdot\dot{\beta}\cdot\sin\alpha_{11} \end{cases} \tag{4-3}$$

由式(4-2)～式(4-3)可得：

$$T_1 = \frac{1}{2}m_1[(p\cdot\dot{\beta}\cdot\cos\alpha_1)^2 + (\dot{y}_2 - p\cdot\dot{\beta}\cdot\sin\alpha_1)^2] \tag{4-4}$$

$$T_{11} = \frac{1}{2}m_{11}[(p\cdot\dot{\beta}\cdot\cos\alpha_{11})^2 + (\dot{y}_{10} - p\cdot\dot{\beta}\cdot\sin\alpha_{11})^2] \tag{4-5}$$

② 系统的势能为：

$$U = \frac{1}{2}k_{y2}(p\cdot\beta_1)^2 + \frac{1}{2}k_{qpy}y_{z2}^2 + \frac{1}{2}k_{zy5}y_{z5}^2 + \frac{1}{2}k_{qpy}y_5^2 + \frac{1}{2}k_{zy12}y_{z12}^2 + \frac{1}{2}k_{qdy}y_{12}^2 +$$
$$\frac{1}{2}k_{cms}\left[y_3 + \frac{1}{2}\cdot l_{cms}\cdot\eta_{y3} + y_7 + \frac{1}{2}\cdot l_{cms}\cdot\eta_{y7} - y_6\right]^2 +$$
$$\frac{1}{2}k_{cmx}\left[y_3 + \frac{1}{2}\cdot l_{cmx}\cdot\eta_{y3} + y_7 + \frac{1}{2}\cdot l_{cmx}\cdot\eta_{y7} - y_6\right]^2 +$$
$$\frac{1}{2}k_{ckx}\left[y_3 + \frac{1}{2}\cdot l_{ckx}\cdot\eta_{y3} + y_7 + \frac{1}{2}\cdot l_{ckx}\cdot\eta_{y7} - y_6\right]^2 +$$
$$\frac{1}{2}k_{cks}\left[y_3 + \frac{1}{2}\cdot l_{cks}\cdot\eta_{y3} + y_7 + \frac{1}{2}\cdot l_{cks}\cdot\eta_{y7} - y_6\right]^2 +$$
$$\frac{1}{2}k_{hdy}y_{13}^2 + \frac{1}{2}k_{zy13}y_{z13}^2 + \frac{1}{2}k_{hpy}y_8^2 + \frac{1}{2}k_{zy8}y_{z8}^2 + \frac{1}{2}k_{hby}y_{z10}^2 + \frac{1}{2}k_{y10}(p\cdot\beta_{11})^2 \tag{4-6}$$

其中：

$$y_{z2} = y_3 + \frac{1}{2}(r\cdot\eta_{y3} - d_{y2}) - y_2 \tag{4-7}$$

$$y_{z5} = y_5 - y_3 \tag{4-8}$$

$$y_{z8} = y_8 - y_7 \tag{4-9}$$

$$y_{z10} = y_7 + \frac{1}{2}(r\cdot\eta_{y7} - d_{y10}) - y_{10} \tag{4-10}$$

$$y_{z12} = y_{12} - y_3 \tag{4-11}$$

$$y_{z13} = y_{13} - y_7 \tag{4-12}$$

③ 系统的耗散能为：

$$D=\frac{1}{2}c_{qby}\dot{y}_{z2}^{2}+\frac{1}{2}c_{zy5}\dot{y}_{z5}^{2}+\frac{1}{2}c_{qpy}\dot{y}_{5}^{2}+\frac{1}{2}c_{zy12}\dot{y}_{z12}^{2}+\frac{1}{2}c_{qdy}\dot{y}_{12}^{2}+$$
$$\frac{1}{2}c_{cms}\left[\dot{y}_{3}+\frac{1}{2}\cdot l_{cms}\cdot\dot{\eta}_{y3}+\dot{y}_{7}+\frac{1}{2}\cdot l_{cms}\cdot\dot{\eta}_{y7}-\dot{y}_{6}\right]^{2}+$$
$$\frac{1}{2}c_{cmx}\left[\dot{y}_{3}+\frac{1}{2}\cdot l_{cmx}\cdot\dot{\eta}_{y3}+\dot{y}_{7}+\frac{1}{2}\cdot l_{cmx}\cdot\dot{\eta}_{y7}-\dot{y}_{6}\right]^{2}+$$
$$\frac{1}{2}c_{ckx}\left[\dot{y}_{3}+\frac{1}{2}\cdot l_{ckx}\cdot\dot{\eta}_{y3}+\dot{y}_{7}+\frac{1}{2}\cdot l_{ckx}\cdot\dot{\eta}_{y7}-\dot{y}_{6}\right]^{2}+$$
$$\frac{1}{2}c_{cks}\left[\dot{y}_{3}+\frac{1}{2}\cdot l_{cks}\cdot\dot{\eta}_{y3}+\dot{y}_{7}+\frac{1}{2}\cdot l_{cks}\cdot\dot{\eta}_{y7}-\dot{y}_{6}\right]^{2}+$$
$$\frac{1}{2}c_{hdy}\dot{y}_{13}^{2}+\frac{1}{2}c_{zy13}\dot{y}_{z13}^{2}+\frac{1}{2}c_{hpy}\dot{y}_{8}^{2}+\frac{1}{2}c_{zy8}\dot{y}_{z8}^{2}+\frac{1}{2}c_{hby}\dot{y}_{z10}^{2} \tag{4-13}$$

其中：

$$\dot{y}_{z2}=\dot{y}_{3}+\frac{1}{2}\cdot r\cdot\dot{\eta}_{y3}-\dot{y}_{2} \tag{4-14}$$

$$\dot{y}_{z5}=\dot{y}_{5}-\dot{y}_{3} \tag{4-15}$$

$$\dot{y}_{z8}=\dot{y}_{8}-\dot{y}_{7} \tag{4-16}$$

$$\dot{y}_{z10}=\dot{y}_{7}+\frac{1}{2}\cdot r\cdot\dot{\eta}_{y7}-\dot{y}_{10} \tag{4-17}$$

$$\dot{y}_{z12}=\dot{y}_{12}-\dot{y}_{3} \tag{4-18}$$

$$\dot{y}_{z13}=\dot{y}_{13}-\dot{y}_{7} \tag{4-19}$$

式中 l_{cms}——采煤机采煤侧上的液压拉杠的长度；

l_{cmx}——采煤机采煤侧下的液压拉杠的长度；

l_{cks}——采煤机采空侧上的液压拉杠的长度；

l_{ckx}——采煤机采空侧下的液压拉杠的长度；

d_{y2}、d_{y10}——前后摇臂与牵引部连接间隙。

将式(4-1)、式(4-6)、式(4-13)代入式(3-12)拉格朗日动力学方程中，并按式(3-13)整理可得：

矩阵 **M** 为：

$$\boldsymbol{M}=\begin{bmatrix}\boldsymbol{M}_1 & \boldsymbol{M}_3\\ \boldsymbol{M}_4 & \boldsymbol{M}_2\end{bmatrix}$$

其中，

$$\boldsymbol{M}_1=\begin{bmatrix}m_1+m_2 &&&&&& \\ & m_3 &&&&& \\ && m_5 &&&& \\ &&& m_6 &&& \\ &&&& m_7 && \\ &&&&& m_8 & \\ &&&&&& m_{10}+m_{11}\end{bmatrix}$$

$$
\boldsymbol{M}_2=\begin{bmatrix}
m_{12} & & & & & \\
 & m_{13} & & & & \\
 & & m_1\cdot p^2 & & & \\
 & & & m_{11}\cdot p^2 & & \\
 & & & & I_{y3} & \\
 & & & & & I_{y7}
\end{bmatrix}
$$

$$
\boldsymbol{M}_3=\begin{bmatrix}
0 & 0 & -m_1\cdot p\cdot\sin\alpha_1 & 0 & 0 & 0\\
0 & 0 & 0 & 0 & 0 & 0\\
0 & 0 & 0 & 0 & 0 & 0\\
0 & 0 & 0 & 0 & 0 & 0\\
0 & 0 & 0 & 0 & 0 & 0\\
0 & 0 & 0 & 0 & 0 & 0\\
0 & 0 & 0 & -m_{11}\cdot p\cdot\sin\alpha_{11} & 0 & 0
\end{bmatrix}
$$

$$
\boldsymbol{M}_4=\begin{bmatrix}
0 & 0 & 0 & 0 & 0 & 0 & 0\\
0 & 0 & 0 & 0 & 0 & 0 & 0\\
-m_1\cdot p\cdot\sin\alpha_1 & 0 & 0 & 0 & 0 & 0 & 0\\
0 & 0 & 0 & 0 & 0 & 0 & -m_{11}\cdot p\cdot\sin\alpha_{11}\\
0 & 0 & 0 & 0 & 0 & 0 & 0\\
0 & 0 & 0 & 0 & 0 & 0 & 0
\end{bmatrix}
$$

矩阵 $\boldsymbol{C}$ 为：

$$
\boldsymbol{C}=\begin{bmatrix}\boldsymbol{C}_1 & \boldsymbol{C}_3\\ \boldsymbol{C}_4 & \boldsymbol{C}_2\end{bmatrix}
$$

其中，

$$
\boldsymbol{C}_1=\begin{bmatrix}
c_{\phi y} & -c_{\phi y} & 0 & 0 & 0 & 0\\
-c_{\phi y} & C_{2,2} & -c_{zy5} & C_{2,4} & C_{2,5} & 0\\
0 & -c_{zy5} & c_{qpy}+c_{zy5} & 0 & 0 & 0\\
0 & C_{4,2} & 0 & C_{4,4} & C_{4,5} & 0\\
0 & C_{5,2} & 0 & C_{5,4} & C_{5,5} & -c_{zy8}\\
0 & 0 & 0 & 0 & -c_{zy8} & c_{hpy}+c_{zy8}
\end{bmatrix}
$$

$$
\boldsymbol{C}_2=\begin{bmatrix}
c_{hby} & 0 & 0 & 0 & 0 & 0 & -\frac{1}{2}c_{hpy}\cdot r\\
0 & c_{qpy}+c_{zy12} & 0 & 0 & 0 & 0 & 0\\
0 & 0 & c_{hdy}+c_{zy13} & 0 & 0 & 0 & 0\\
0 & 0 & 0 & 0 & 0 & 0 & 0\\
0 & 0 & 0 & 0 & 0 & 0 & 0\\
0 & 0 & 0 & 0 & 0 & C_{12,12} & C_{12,13}\\
-\frac{1}{2}c_{hpy}\cdot r & 0 & 0 & 0 & 0 & C_{13,12} & C_{13,13}
\end{bmatrix}
$$

$$\boldsymbol{C}_3=\begin{bmatrix} 0 & 0 & 0 & 0 & 0 & -\frac{1}{2}r\cdot c_{\phi y} & 0 \\ 0 & -c_{zy12} & 0 & 0 & 0 & C_{2,12} & C_{2,13} \\ 0 & 0 & 0 & 0 & 0 & 0 & 0 \\ 0 & 0 & 0 & 0 & 0 & C_{4,12} & C_{4,13} \\ -c_{hby} & 0 & -c_{zy13} & 0 & 0 & C_{5,12} & C_{5,13} \\ 0 & 0 & 0 & 0 & 0 & 0 & 0 \end{bmatrix}$$

$$\boldsymbol{C}_4=\begin{bmatrix} 0 & 0 & 0 & 0 & -c_{hby} & 0 \\ 0 & -c_{zy12} & 0 & 0 & 0 & 0 \\ 0 & 0 & 0 & 0 & -c_{zy13} & 0 \\ 0 & 0 & 0 & 0 & 0 & 0 \\ 0 & 0 & 0 & 0 & 0 & 0 \\ -\frac{1}{2}r\cdot c_{\phi y} & C_{12,2} & 0 & C_{12,4} & C_{12,5} & 0 \\ 0 & C_{13,2} & 0 & C_{13,4} & C_{13,5} & 0 \end{bmatrix}$$

$$C_{2,2}=c_{cks}+c_{ckx}+c_{cms}+c_{cmx}+c_{\phi y}+c_{zy5}+c_{zy12}$$

$$C_{2,4}=-(c_{cks}+c_{ckx}+c_{cms}+c_{cmx})$$

$$C_{2,5}=c_{cks}+c_{ckx}+c_{cms}+c_{cmx}$$

$$C_{2,12}=\frac{1}{2}(c_{cks}\cdot l_{cks}+c_{ckx}\cdot l_{ckx}+c_{cms}\cdot l_{cms}+c_{cmx}\cdot l_{cmx}+c_{\phi y}\cdot r)$$

$$C_{2,13}=\frac{1}{2}(c_{cks}\cdot l_{cks}+c_{ckx}\cdot l_{ckx}+c_{cms}\cdot l_{cms}+c_{cmx}\cdot l_{cmx})$$

$$C_{4,2}=-(c_{cks}+c_{ckx}+c_{cms}+c_{cmx})$$

$$C_{4,4}=c_{cks}+c_{ckx}+c_{cms}+c_{cmx}$$

$$C_{4,5}=-(c_{cks}+c_{ckx}+c_{cms}+c_{cmx})$$

$$C_{4,12}=-\frac{1}{2}(c_{cks}\cdot l_{cks}+c_{ckx}\cdot l_{ckx}+c_{cms}\cdot l_{cms}+c_{cmx}\cdot l_{cmx})$$

$$C_{4,13}=-\frac{1}{2}(c_{cks}\cdot l_{cks}+c_{ckx}\cdot l_{ckx}+c_{cms}\cdot l_{cms}+c_{cmx}\cdot l_{cmx})$$

$$C_{5,2}=c_{cks}+c_{ckx}+c_{cms}+c_{cmx}$$

$$C_{5,4}=-(c_{cks}+c_{ckx}+c_{cms}+c_{cmx})$$

$$C_{5,5}=c_{cks}+c_{ckx}+c_{cms}+c_{cmx}+c_{hby}+c_{zy8}+c_{zy13}$$

$$C_{5,12}=\frac{1}{2}(c_{cks}\cdot l_{cks}+c_{ckx}\cdot l_{ckx}+c_{cms}\cdot l_{cms}+c_{cmx}\cdot l_{cmx})$$

$$C_{5,13}=\frac{1}{2}(c_{cks}\cdot l_{cks}+c_{ckx}\cdot l_{ckx}+c_{cms}\cdot l_{cms}+c_{cmx}\cdot l_{cmx}+c_{hby}\cdot r)$$

$$C_{12,2}=\frac{1}{2}(c_{cks}\cdot l_{cks}+c_{ckx}\cdot l_{ckx}+c_{cms}\cdot l_{cms}+c_{cmx}\cdot l_{cmx}+c_{\phi y}\cdot r)$$

$$C_{12,4}=-\frac{1}{2}(c_{cks}\cdot l_{cks}+c_{ckx}\cdot l_{ckx}+c_{cms}\cdot l_{cms}+c_{cmx}\cdot l_{cmx})$$

$$C_{12,5}=\frac{1}{2}(c_{cks}\cdot l_{cks}+c_{ckx}\cdot l_{ckx}+c_{cms}\cdot l_{cms}+c_{cmx}\cdot l_{cmx})$$

$$C_{12,12}=\frac{1}{4}(c_{cks}\cdot l_{cks}^2+c_{ckx}\cdot l_{ckx}^2+c_{cms}\cdot l_{cms}^2+c_{cmx}\cdot l_{cmx}^2+c_{qpy}\cdot r^2)$$

$$C_{12,13}=\frac{1}{4}(c_{cks}\cdot l_{cks}^2+c_{ckx}\cdot l_{ckx}^2+c_{cms}\cdot l_{cms}^2+c_{cmx}\cdot l_{cmx}^2)$$

$$C_{13,2}=\frac{1}{2}(c_{cks}\cdot l_{cks}+c_{ckx}\cdot l_{ckx}+c_{cms}\cdot l_{cms}+c_{cmx}\cdot l_{cmx})$$

$$C_{13,4}=-\frac{1}{2}(c_{cks}\cdot l_{cks}+c_{ckx}\cdot l_{ckx}+c_{cms}\cdot l_{cms}+c_{cmx}\cdot l_{cmx})$$

$$C_{13,5}=\frac{1}{2}(c_{cks}\cdot l_{cks}+c_{ckx}\cdot l_{ckx}+c_{cms}\cdot l_{cms}+c_{cmx}\cdot l_{cmx}+c_{hby}\cdot r)$$

$$C_{13,12}=\frac{1}{4}(c_{cks}\cdot l_{cks}^2+c_{ckx}\cdot l_{ckx}^2+c_{cms}\cdot l_{cms}^2+c_{cmx}\cdot l_{cmx}^2)$$

$$C_{13,13}=\frac{1}{4}(c_{cks}\cdot l_{cks}^2+c_{ckx}\cdot l_{ckx}^2+c_{cms}\cdot l_{cms}^2+c_{cmx}\cdot l_{cmx}^2+c_{hby}\cdot r^2)$$

矩阵 $\boldsymbol{K}$ 为：

$$\boldsymbol{K}=\begin{bmatrix}\boldsymbol{K}_1 & \boldsymbol{K}_3\\ \boldsymbol{K}_4 & \boldsymbol{K}_2\end{bmatrix}$$

其中，

$$\boldsymbol{K}_1=\begin{bmatrix}k_{qby} & -k_{qby} & 0 & 0 & 0 & 0\\ -k_{qby} & K_{2,2} & -k_{zy5} & K_{2,4} & K_{2,5} & 0\\ 0 & -k_{zy5} & k_{qpy}+k_{zy5} & 0 & 0 & 0\\ 0 & K_{4,2} & 0 & K_{4,4} & K_{4,5} & 0\\ 0 & K_{5,2} & 0 & K_{5,4} & K_{5,5} & -k_{zy8}\\ 0 & 0 & 0 & 0 & -k_{zy8} & k_{hpy}+k_{zy8}\end{bmatrix}$$

$$\boldsymbol{K}_2=\begin{bmatrix}k_{hby} & 0 & 0 & 0 & 0 & 0 & -\frac{1}{2}k_{hpy}\cdot r\\ 0 & k_{qpy}+k_{zy12} & 0 & 0 & 0 & 0 & 0\\ 0 & 0 & k_{hdy}+k_{zy13} & 0 & 0 & 0 & 0\\ 0 & 0 & 0 & 0 & 0 & 0 & 0\\ 0 & 0 & 0 & 0 & 0 & 0 & 0\\ 0 & 0 & 0 & 0 & 0 & K_{12,12} & K_{12,13}\\ -\frac{1}{2}k_{hpy}\cdot r & 0 & 0 & 0 & 0 & K_{13,12} & K_{13,13}\end{bmatrix}$$

$$\boldsymbol{K}_3=\begin{bmatrix}0 & 0 & 0 & 0 & 0 & -\frac{1}{2}r\cdot k_{qby} & 0\\ 0 & -k_{zy12} & 0 & 0 & 0 & K_{2,12} & K_{2,13}\\ 0 & 0 & 0 & 0 & 0 & 0 & 0\\ 0 & 0 & 0 & 0 & 0 & K_{4,12} & K_{4,13}\\ -k_{hby} & 0 & -k_{zy13} & 0 & 0 & K_{5,12} & K_{5,13}\\ 0 & 0 & 0 & 0 & 0 & 0 & 0\end{bmatrix}$$

$$\mathbf{K}_4=\begin{bmatrix} 0 & 0 & 0 & 0 & -k_{hby} & 0 \\ 0 & -k_{zy12} & 0 & 0 & 0 & 0 \\ 0 & 0 & 0 & 0 & -k_{zy13} & 0 \\ 0 & 0 & 0 & 0 & 0 & 0 \\ 0 & 0 & 0 & 0 & 0 & 0 \\ -\frac{1}{2}r\cdot k_{\phi y} & K_{12,2} & 0 & K_{12,4} & K_{12,5} & 0 \\ 0 & K_{13,2} & 0 & K_{13,4} & K_{13,5} & 0 \end{bmatrix}$$

$$K_{2,2}=k_{cks}+k_{ckx}+k_{cms}+k_{cmx}+k_{\phi y}+k_{zy5}+k_{zy12}$$

$$K_{2,4}=-(k_{cks}+k_{ckx}+k_{cms}+k_{cmx})$$

$$K_{2,5}=k_{cks}+k_{ckx}+k_{cms}+k_{cmx}$$

$$K_{2,12}=\frac{1}{2}(k_{cks}\cdot l_{cks}+k_{ckx}\cdot l_{ckx}+k_{cms}\cdot l_{cms}+k_{cmx}\cdot l_{cmx}+k_{\phi y}\cdot r)$$

$$K_{2,13}=\frac{1}{2}(k_{cks}\cdot l_{cks}+k_{ckx}\cdot l_{ckx}+k_{cms}\cdot l_{cms}+k_{cmx}\cdot l_{cmx})$$

$$K_{4,2}=-(k_{cks}+k_{ckx}+k_{cms}+k_{cmx})$$

$$K_{4,4}=k_{cks}+k_{ckx}+k_{cms}+k_{cmx}$$

$$K_{4,5}=-(k_{cks}+k_{ckx}+k_{cms}+k_{cmx})$$

$$K_{4,12}=-\frac{1}{2}(k_{cks}\cdot l_{cks}+k_{ckx}\cdot l_{ckx}+k_{cms}\cdot l_{cms}+k_{cmx}\cdot l_{cmx})$$

$$K_{4,13}=-\frac{1}{2}(k_{cks}\cdot l_{cks}+k_{ckx}\cdot l_{ckx}+k_{cms}\cdot l_{cms}+k_{cmx}\cdot l_{cmx})$$

$$K_{5,2}=k_{cks}+k_{ckx}+k_{cms}+k_{cmx}$$

$$K_{5,4}=-(k_{cks}+k_{ckx}+k_{cms}+k_{cmx})$$

$$K_{5,5}=k_{cks}+k_{ckx}+k_{cms}+k_{cmx}+k_{hby}+k_{zy8}+k_{zy13}$$

$$K_{5,12}=\frac{1}{2}(k_{cks}\cdot l_{cks}+k_{ckx}\cdot l_{ckx}+k_{cms}\cdot l_{cms}+k_{cmx}\cdot l_{cmx})$$

$$K_{5,13}=\frac{1}{2}(k_{cks}\cdot l_{cks}+k_{ckx}\cdot l_{ckx}+k_{cms}\cdot l_{cms}+k_{cmx}\cdot l_{cmx}+k_{hby}\cdot r)$$

$$K_{12,2}=\frac{1}{2}(k_{cks}\cdot l_{cks}+k_{ckx}\cdot l_{ckx}+k_{cms}\cdot l_{cms}+k_{cmx}\cdot l_{cmx}+k_{\phi y}\cdot r)$$

$$K_{12,4}=-\frac{1}{2}(k_{cks}\cdot l_{cks}+k_{ckx}\cdot l_{ckx}+k_{cms}\cdot l_{cms}+k_{cmx}\cdot l_{cmx})$$

$$K_{12,5}=\frac{1}{2}(k_{cks}\cdot l_{cks}+k_{ckx}\cdot l_{ckx}+k_{cms}\cdot l_{cms}+k_{cmx}\cdot l_{cmx})$$

$$K_{12,12}=\frac{1}{4}(k_{cks}\cdot l_{cks}^2+k_{ckx}\cdot l_{ckx}^2+k_{cms}\cdot l_{cms}^2+k_{cmx}\cdot l_{cmx}^2+k_{\phi y}\cdot r^2)$$

$$K_{12,13}=\frac{1}{4}(k_{cks}\cdot l_{cks}^2+k_{ckx}\cdot l_{ckx}^2+k_{cms}\cdot l_{cms}^2+k_{cmx}\cdot l_{cmx}^2)$$

$$K_{13,2}=\frac{1}{2}(k_{cks}\cdot l_{cks}+k_{ckx}\cdot l_{ckx}+k_{cms}\cdot l_{cms}+k_{cmx}\cdot l_{cmx})$$

$$K_{13,4}=-\frac{1}{2}(k_{cks}\cdot l_{cks}+k_{ckx}\cdot l_{ckx}+k_{cms}\cdot l_{cms}+k_{cmx}\cdot l_{cmx})$$

$$K_{13,5}=\frac{1}{2}(k_{cks}\cdot l_{cks}+k_{ckx}\cdot l_{ckx}+k_{cms}\cdot l_{cms}+k_{cmx}\cdot l_{cmx}+k_{hby}\cdot r)$$

$$K_{13,12}=\frac{1}{4}(k_{cks}\cdot l_{cks}^2+k_{ckx}\cdot l_{ckx}^2+k_{cms}\cdot l_{cms}^2+k_{cmx}\cdot l_{cmx}^2)$$

$$K_{13,13}=\frac{1}{4}(k_{cks}\cdot l_{cks}^2+k_{ckx}\cdot l_{ckx}^2+k_{cms}\cdot l_{cms}^2+k_{cmx}\cdot l_{cmx}^2+k_{hby}\cdot r^2)$$

矩阵 $\boldsymbol{Y}$ 为：

$$\boldsymbol{Y}=[y_2,y_3,y_5,y_6,y_7,y_8,y_{10},y_{12},y_{13},\beta_1,\beta_{11},\eta_{y3},\eta_{y7}]^{\mathrm{T}}$$

矩阵 $\boldsymbol{F}$ 为：

$$\boldsymbol{F}=\begin{bmatrix} -\frac{1}{2}d_{y2}\cdot k_{\phi y} \\ \frac{1}{2}d_{y2}\cdot k_{\phi y} \\ 0 \\ 0 \\ \frac{1}{2}d_{y10}\cdot k_{hby} \\ 0 \\ -\frac{1}{2}d_{y10}\cdot k_{hby} \\ 0 \\ 0 \\ -R_{y1}\cdot p\cdot\cos(\alpha_1+\lambda)-R_{x1}\cdot p\cdot\sin(\alpha_1+\lambda) \\ R_{y11}\cdot p\cdot\cos(\alpha_{11}+\lambda)+R_{x11}\cdot p\cdot\sin(\alpha_{11}+\lambda) \\ \frac{1}{4}\cdot d_{y2}\cdot k_{\phi y}\cdot r \\ \frac{1}{4}\cdot d_{y10}\cdot k_{hby}\cdot r \end{bmatrix}$$

4.2 关键零部件刚度模型建立

4.2.1 机身与牵引部连接刚度模型

基于第 3 章中对采煤机机身与牵引部连接特性的描述方法，在采煤机竖直-俯仰耦合动力学模型中，采煤机牵引部与机身的等效连接刚度为：

$$k_{cms}=\begin{cases}\dfrac{3E_eI_e}{l_{cms}^3} & y_3+y_7+\dfrac{a}{2}\cdot(\eta_{y3}+\eta_{y7})-y_6\neq 10 \\ 0 & y_3+y_7+\dfrac{a}{2}\cdot(\eta_{y3}+\eta_{y7})-y_6=10\end{cases} \tag{4-20}$$

$$k_{cmx}=\begin{cases}\dfrac{3E_eI_e}{l_{cmx}^3} & y_3+y_7+\dfrac{a}{2}\cdot(\eta_{y3}+\eta_{y7})-y_6\neq 6\\ 0 & y_3+y_7+\dfrac{a}{2}\cdot(\eta_{y3}+\eta_{y7})-y_6=6\end{cases} \tag{4-21}$$

$$k_{cks}=\begin{cases}\dfrac{3E_eI_e}{l_{cks}^3} & y_3+y_7+\dfrac{a}{2}\cdot(\eta_{y3}+\eta_{y7})-y_6\neq 7\\ 0 & y_3+y_7+\dfrac{a}{2}\cdot(\eta_{y3}+\eta_{y7})-y_6=7\end{cases} \tag{4-22}$$

$$k_{ckx}=\begin{cases}\dfrac{3E_eI_e}{l_{ckx}^3} & y_3+y_7+\dfrac{a}{2}\cdot(\eta_{y3}+\eta_{y7})-y_6\neq 6\\ 0 & y_3+y_7+\dfrac{a}{2}\cdot(\eta_{y3}+\eta_{y7})-y_6=6\end{cases} \tag{4-23}$$

4.2.2 含有间隙的摇臂与牵引部的连接刚度模型

采煤机截割部是采煤机的截煤工作机构，其承担截煤和装煤的任务，是采煤机主要部件之一，主要由滚筒和摇臂组成，采用销轴连接方式通过摇臂的一端与采煤机牵引部连接，并通过调节调高油缸的行程来调整摇臂不同的举升角，进而适应不同的采高。在实际工作过程中，采煤机摇臂与牵引部间的连接特性直接影响着摇臂与牵引部甚至整个采煤机的动力学特性。依据采煤机实际装配技术参数，并假设连接销轴与采煤机摇臂之间不存在连接间隙，将其视为一体与采煤机牵引部相连，其连接示意图如图 4-2 所示。

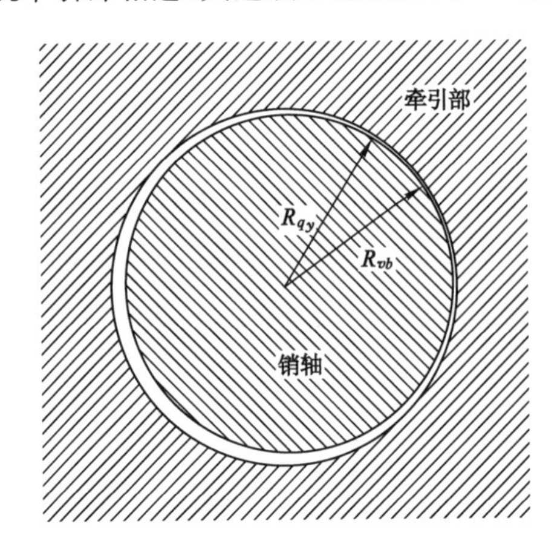

图 4-2 采煤机摇臂销轴连接示意图

连接间隙大小为：

$$d_{yi}=2\cdot(R_{qy}-R_{yb})\quad(i=2,10) \tag{4-24}$$

式中 d_{yi}——采煤机摇臂销轴与牵引部连接间隙；

R_{qy}——采煤机牵引部与摇臂连接销轴孔半径；

R_{yb}——采煤机摇臂连接销轴半径。

在实际工况下，采煤机牵引部与摇臂连接销轴间的接触载荷是时刻变化的，并且由于连接间隙的存在，进而影响着采煤机牵引部与摇臂销轴间的连接特性。通过求解弹性基础接触模型的间隙铰载荷-位移关系曲线在某瞬时碰撞点附近的曲线斜率，假设采煤机牵引部为刚体，采煤机摇臂连接销轴为弹性体，并且所发生的形变均为弹性形变，由此可得采煤机牵引部与摇臂连接销轴间的非线性接触刚度系数为：

$$K_{yq}=\frac{1}{8}\pi E_{yq}\sqrt{\frac{2\cdot\delta_{yq}\left[3\cdot(R_{qy}-R_{yb})+2\cdot\delta_{yq}\right]^{2}}{(R_{qy}-R_{yb}+\delta_{yq})^{3}}}\tag{4-25}$$

式中　E_{yq}——采煤机牵引部与摇臂连接销轴的复合弹性模量，依据式(3-15)求解；

δ_{yq}——采煤机摇臂连接销轴的变形量。

基于以上分析，假设初始位置时，采煤机牵引部销轴连接孔与摇臂连接销轴的圆心重合，由此采煤机滑靴连接销轴的变形量 δ_{yq} 可表示为：

$$\delta_{yq}=\begin{cases}y_j+\eta_{yj}\cdot\dfrac{r}{2}-y_i-\dfrac{d_{yi}}{2} & y_i-\left(y_j+\eta_{yj}\cdot\dfrac{r}{2}\right)\leqslant-\dfrac{d_{yi}}{2}\\ 0 & -\dfrac{d_{yi}}{2}<y_i-\left(y_j+\eta_{yj}\cdot\dfrac{r}{2}\right)\leqslant\dfrac{d_{yi}}{2}\quad\left(\begin{cases}i=2\\j=3\end{cases}\ \begin{cases}i=10\\j=7\end{cases}\right)\\ y_i-\left(y_j+\eta_{yj}\cdot\dfrac{r}{2}\right)-\dfrac{d_{yi}}{2} & y_i-\left(y_j+\eta_{yj}\cdot\dfrac{r}{2}\right)>\dfrac{d_{yi}}{2}\end{cases}\tag{4-26}$$

式中，j_b 为在俯视平面内采煤机摇臂与牵引部连接处沿 z 向与牵引部重心的距离。

基于以上分析，由式(4-25)和式(4-26)可得，采煤机前后摇臂与牵引部连接刚度为：

$$k_{qby}=\begin{cases}\dfrac{1}{8}\pi E_{yq}\sqrt{\dfrac{2\cdot\left(y_3+\eta_{y3}\cdot\dfrac{r}{2}-y_2-\dfrac{d_{y2}}{2}\right)\cdot\left[3\cdot(R_{qy}-R_{yb})+2\cdot\left(y_3+\eta_{y3}\cdot\dfrac{r}{2}-y_2-\dfrac{d_{y2}}{2}\right)\right]^{2}}{\left(R_{qy}-R_{yb}+y_3+\eta_{y3}\cdot\dfrac{r}{2}-y_2-\dfrac{d_{y2}}{2}\right)^{3}}} & y_2-\left(y_3+\eta_{y3}\cdot\dfrac{r}{2}\right)\leqslant-\dfrac{d_{y2}}{2}\\ 0 & -\dfrac{d_{y2}}{2}<y_2-\left(y_3+\eta_{y3}\cdot\dfrac{r}{2}\right)\leqslant\dfrac{d_{y2}}{2}\\ \dfrac{1}{8}\pi E_{yq}\sqrt{\dfrac{2\cdot\left[y_2-\left(y_3+\eta_{y3}\cdot\dfrac{r}{2}\right)-\dfrac{d_{y2}}{2}\right]\cdot\left[3\cdot(R_{qy}-R_{yb})+2\cdot\left(y_2-\left(y_3+\eta_{y3}\cdot\dfrac{r}{2}\right)-\dfrac{d_{y2}}{2}\right)\right]^{2}}{\left(R_{qy}-R_{yb}+y_2-\left(y_3+\eta_{y3}\cdot\dfrac{r}{2}\right)-\dfrac{d_{y2}}{2}\right)^{3}}} & y_2-\left(y_3+\eta_{y3}\cdot\dfrac{r}{2}\right)>\dfrac{d_{y2}}{2}\end{cases}\tag{4-27}$$

$$k_{hby}=\begin{cases}\dfrac{1}{8}\pi E_{yq}\sqrt{\dfrac{2\cdot\left(y_3+\eta_{y7}\cdot\dfrac{r}{2}-y_{10}-\dfrac{d_{y10}}{2}\right)\cdot\left[3\cdot(R_{qy}-R_{yb})+2\cdot\left(y_7+\eta_{y7}\cdot\dfrac{r}{2}-y_{10}-\dfrac{d_{y10}}{2}\right)\right]^{2}}{\left(R_{qy}-R_{yb}+y_7+\eta_{y7}\cdot\dfrac{r}{2}-y_{10}-\dfrac{d_{y10}}{2}\right)^{3}}} & y_{10}-\left(y_7+\eta_{y7}\cdot\dfrac{r}{2}\right)\leqslant-\dfrac{d_{y10}}{2}\\ 0 & -\dfrac{d_{y10}}{2}<y_{10}-\left(y_7+\eta_{y7}\cdot\dfrac{r}{2}\right)\leqslant\dfrac{d_{y10}}{2}\\ \dfrac{1}{8}\pi E_{yq}\sqrt{\dfrac{2\cdot\left[y_{10}-\left(y_7+\eta_{y7}\cdot\dfrac{r}{2}\right)-\dfrac{d_{y10}}{2}\right]\cdot\left[3\cdot(R_{qy}-R_{yb})+2\cdot\left(y_{10}-\left(y_7+\eta_{y7}\cdot\dfrac{r}{2}\right)-\dfrac{d_{y10}}{2}\right)\right]^{2}}{\left(R_{qy}-R_{yb}+y_{10}-\left(y_7+\eta_{y7}\cdot\dfrac{r}{2}\right)-\dfrac{d_{y10}}{2}\right)^{3}}} & y_{10}-\left(y_7+\eta_{y7}\cdot\dfrac{r}{2}\right)>\dfrac{d_{y10}}{2}\end{cases}\tag{4-28}$$

4.2.3　导向滑靴、平滑靴支撑刚度模型

基于以上分析，结合 3.2.1 中对平滑靴与中部槽切向接触刚度描述方法，以下从微观角

度上来对采煤机导向滑靴、平滑靴的等效支撑刚度进行描述。结合图 3-3，在微观上并不存在理想光滑的刚性表面，可以将导向滑靴与销排、平滑靴与中部槽结合面接触问题，假设为一个粗糙表面与一个理想光滑刚性表面的接触问题。

根据单个微凸体的法向载荷与变形量的关系，导向滑靴与销排单个等效微凸体所受的法向载荷可以表示为：

$$p_n = \frac{4}{3}E_{dx}R_{dx}^{\frac{1}{2}}\delta_{dx}^{\frac{3}{2}} \tag{4-29}$$

式中 E_{dx}——导向滑靴与销排的微凸体等效弹性模量，其求解方法参照式(3-15)；

δ_{dx}——导向滑靴与销排的结合面微凸体法向变形量；

R_{dx}——导向滑靴与销排的结合面微凸体等效曲率半径，其求解方法参照式(3-18)。

由式(4-29)可以得出导向滑靴与销排结合面单个微凸体与理想刚性平面的法向接触刚度为：

$$k_n = 2E_{dx}R_{dx}^{\frac{1}{2}}\delta_{dx}^{\frac{1}{2}} \tag{4-30}$$

根据导向滑靴与销排结合面等效单个微凸体形前后的几何关系，以及分形粗糙度参数 G 的典型值，在此可以认为 $R_{xy} \gg \delta_{xy}$，则有导向滑靴与销排结合面等效单个微凸体的接触面积为：

$$a_{dx} = 2\pi R_{dx}\delta_{dx} \tag{4-31}$$

将式(4-31)代入式(4-30)中，可以得到导向滑靴与销排结合面单个微凸体法向接触刚度与面积的函数表达式为：

$$k_n = 2E_{dx}\sqrt{\frac{a_{dx}}{2\pi}} \tag{4-32}$$

为了更加准确地描述导向滑靴与销排结合面微凸体接触面积的分布情况，结合式(3-19)，可以得到导向滑靴与销排结合面微凸体接触面积的分布函数为：

$$n(a_{dx}) = \frac{D}{2}\psi^{1-0.5D} \cdot a_{\mathrm{dxmax}}^{0.5D} \cdot a_{dx}^{-1-0.5D} \qquad (0 < a_{dx} < a_{dx\max}) \tag{4-33}$$

式中，a_{xymax} 为导向滑靴与销排结合面单个微凸体最大接触面积。

基于以上分析，可以得到导向滑靴与销排结合面的法向接触刚度为：

$$k = \int_{a_{\mu dx}}^{a_{dx\max}} k_n \cdot n(a_{dx})\mathrm{d}a_{dx} \tag{4-34}$$

式中，$a_{\mu dx}$ 为导向滑靴与销排结合面微凸体弹性变形与塑性变形之间的临界接触截面积，其求解方法参照式(3-23)。

基于以上分析，将式(4-32)、(4-33)代入式(4-34)中，并结合实际工况下前后导向滑靴的等效支撑刚度为：

$$k_{qdy} = \frac{2E_{dx}D}{\sqrt{\pi}(1-D)}\psi^{(2-D)/2} \cdot y_{12}^{D/2} \cdot \left[y_{12}^{(1-D)/2} - \left(\frac{y_{\mu xd}}{2}\right)^{(1-D)/2}\right] \tag{4-35}$$

$$k_{hdy} = \frac{2E_{dx}D}{\sqrt{\pi}(1-D)}\psi^{(2-D)/2} \cdot y_{13}^{D/2} \cdot \left[y_{13}^{(1-D)/2} - \left(\frac{y_{\mu xd}}{2}\right)^{(1-D)/2}\right] \tag{4-36}$$

式中，$y_{\mu\mathrm{xd}}$ 为导向滑靴与销排结合面微凸体弹性变形与塑性变形之间的临界接触截面积。

基于以上分析，采煤机平滑靴的等效支撑刚度为：

$$k_{qpy}=\frac{2E_{pz}D}{\sqrt{\pi}(1-D)}\psi^{(2-D)/2}\cdot y_5^{D/2}\cdot\left[y_5^{(1-D)/2}-\left(\frac{y_{\mu pz}}{2}\right)^{(1-D)/2}\right] \tag{4-37}$$

$$k_{hpy}=\frac{2E_{pz}D}{\sqrt{\pi}(1-D)}\psi^{(2-D)/2}\cdot y_8^{D/2}\cdot\left[y_8^{(1-D)/2}-\left(\frac{y_{\mu pz}}{2}\right)^{(1-D)/2}\right] \tag{4-38}$$

式中 E_{pz}——平滑靴与中部槽的微凸体等效弹性模量；

$y_{\mu pz}$——平滑靴与中部槽结合面微凸体弹性变形与塑性变形之间的临界接触截面积。

4.3 仿真结果分析

4.3.1 振动位移和振动摆角特性分析

基于以上分析，在采煤机牵引速度为 3 m/min，滚截割深度 600 mm，滚筒转速 32 r/min，俯仰角为 0，前摇臂的举升角为 27°，后摇臂举升角为 −15°以及煤岩坚固系数 $f=3$ 工况参数下，采煤机关键零部件的振动位移和振动摆角曲线如图 4-3 所示。

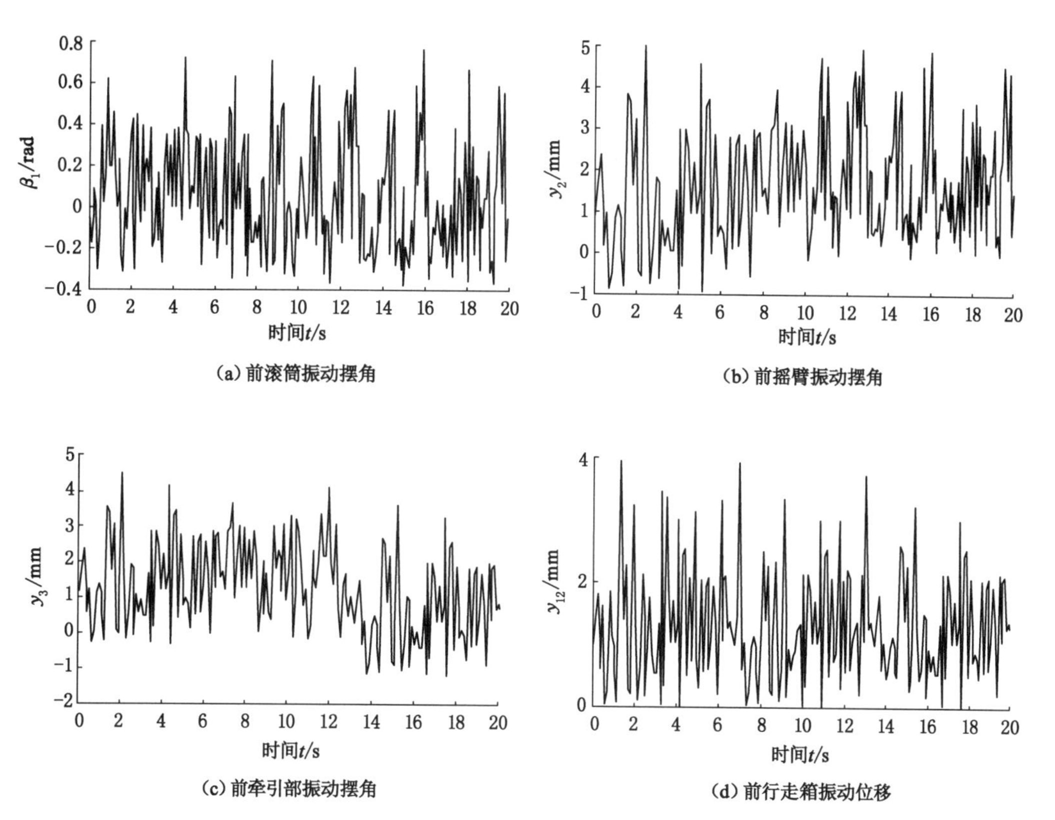

图 4-3 采煤机关键零部件的振动位移与振动摆角曲线

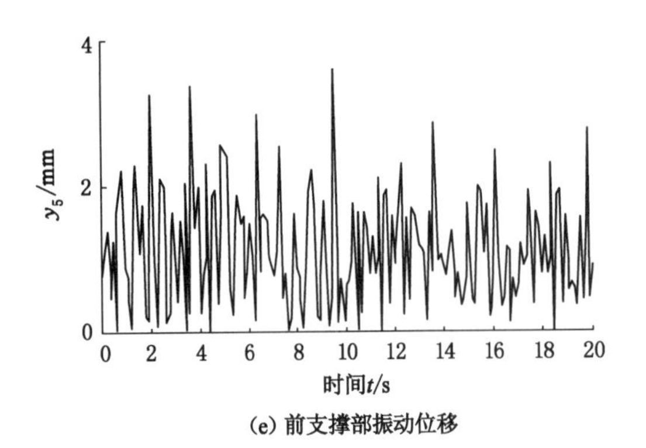

(e) 前支撑部振动位移

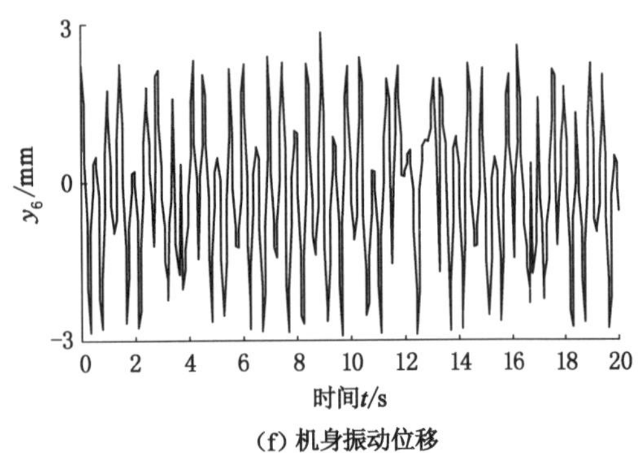

(f) 机身振动位移

图 4-3(续)

从图 4-3 中可以看出,采煤机各部件的振动摆角和振动位移均在 0 点以上波动,方向为垂直地面向上。本章中所建立的采煤机的动力学模型中,滚筒的振动摆角的方向与上一章滚筒的振动摆角方向相同,所以在两个动力学模型中,滚筒振动摆角的波动范围相同,但受到采煤机牵引部和机身俯仰振动的影响,从图 4-3(a)中可以看出,采煤机滚筒振动摆角波动的随机性更大。由图 4-3(b)中可以看出,受到摇臂与牵引部之间的连接销轴与销孔的间隙因素的影响,摇臂的振动位移在某些时刻会达到−1 mm,并且摇臂同时受到滚筒振动的影响,在一些时刻摇臂的振动位移会达到 5 mm 左右。

采煤机牵引部的振动同时受到行走箱、支撑部和机身振动的影响,并且由以上分析可知四者的动态特性是相互影响的。由于采煤机行走箱与支撑部直接与刮板输送机接触,在建立采煤机系统动力学模型中未考虑刮板输送机在的动力学特性对采煤机系统的影响,即认为刮板输送机是固定不动的。从图 4-3(d)和图 4-3(f)中可以看出,采煤机支撑部和行走箱的振动位移均在 0 点以上振动。由于牵引部与机身采用四根液压拉杠相连,并且机身与前后牵引部直接相连,并未与地面接触,所以牵引部的振动特性同样会受到机身的振动特性的影响。从图 4-3(c)中可以看出,牵引部的振动位移在某个时刻内会达到−1 mm,由于牵引部的振动特性主要受到牵引部和支撑部的影响,因此在大部分时间内牵引部的振动位移均在 0 点以上。

4.3.2 振动加速度特性分析

采煤机牵引部、行走箱、机身的振动加速度曲线如图 4-4 所示。

从图 4-4(a)前牵引部的振动加速度曲线,并结合图 4-3(c)可以看出,在 0～14 s 时间内牵引部的振动加速度的数值大部分在 0 点以下,方向为垂直地面向下,由于受到摇臂与牵引部之间的连接销轴与销孔的间隙因素的影响,在 0～14 s 时间段内大部分时刻,采煤机摇臂连接销轴与销孔内表面上侧发生接触碰撞,产生较大的载荷冲击,进而受到向下的推力,此时振动加速度可达到−300 mm/s^2,在 14～20 s 牵引部振动特性受到行走箱与支撑部的影响,大部分时刻摇臂连接销轴与销孔内表面下侧发生接触碰撞,产生较大的载荷冲击,进而受到向上的推力,此时振动加速度可达到 300 mm/s^2。

由于在建立模型过程中认为刮板输送机相当于地面固定不动,而采煤机行走箱直接与刮板输送机接触,因此图 4-4(b)中行走箱振动加速度曲线向 0 点以下的波动峰值较小,并

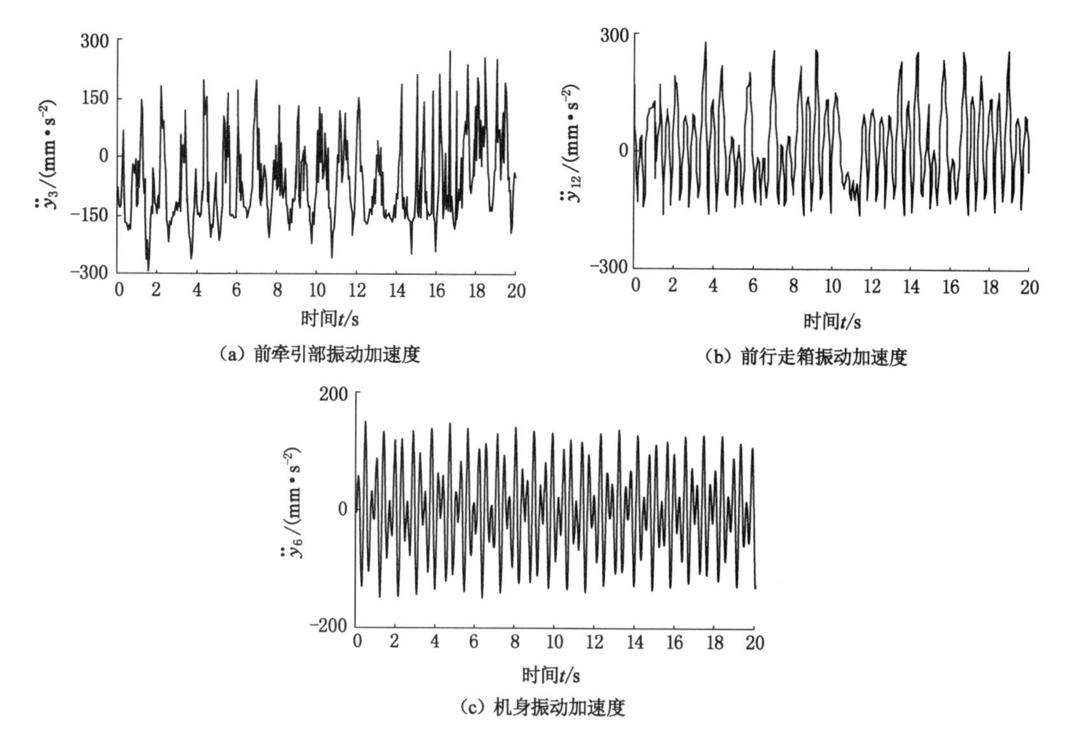

(a) 前牵引部振动加速度

(b) 前行走箱振动加速度

(c) 机身振动加速度

图 4-4 采煤机关键零部件的振动加速度曲线

且受到采煤机滚筒振动冲击的影响，大部分时间内的振动加速度曲线均在 0 点以下。由于采煤机导向滑靴内侧上表面与刮板输送机销排的顶面不断发生接触碰撞，在某个时间会产生与行走箱振动位移方向相反的载荷冲击，因此行走箱振动加速度曲线中在某个时刻的波动值会达到 300 mm/s^2。

由于采煤机机身作为整个系统载荷输入的末端，并且与斜切进刀工况下采煤机的前后滚筒受力情况不同，因此竖直方向上采煤机机身的振动加速度波动比较稳定，范围为180 mm/s^2。

4.3.3 振动相图与庞加莱截面图

采煤机前牵引部、行走箱和机身的振动位移响应特征曲线如图 4-5 所示。

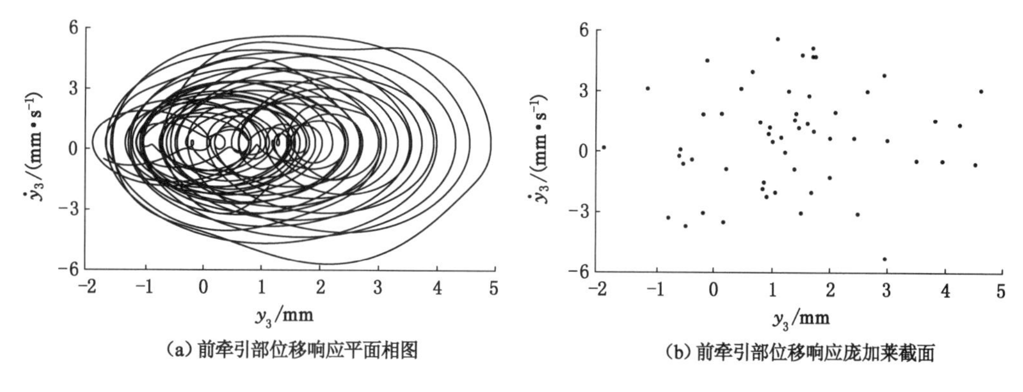

(a) 前牵引部位移响应平面相图

(b) 前牵引部位移响应庞加莱截面

图 4-5 采煤机关键零部件振动位移响应特征

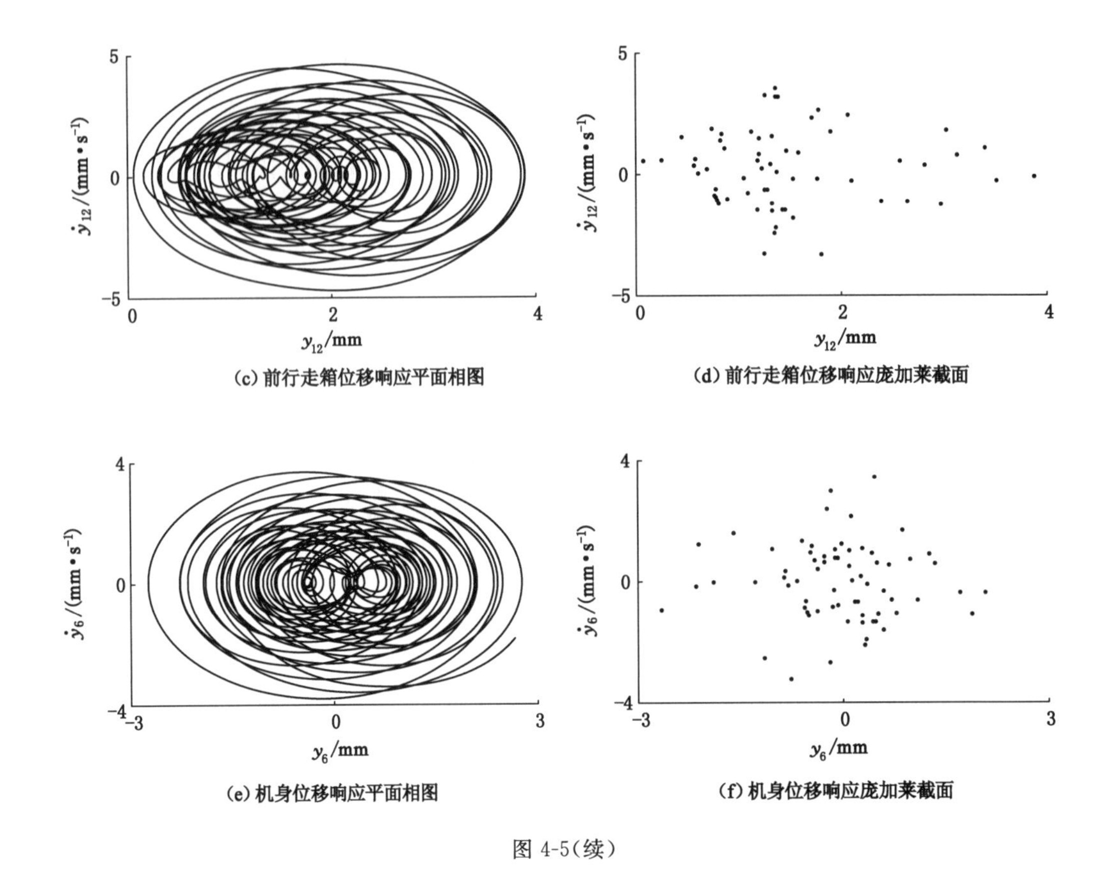

(c) 前行走箱位移响应平面相图

(d) 前行走箱位移响应庞加莱截面

(e) 机身位移响应平面相图

(f) 机身位移响应庞加莱截面

图 4-5(续)

从图 4-5 可以看出,采煤机前侧牵引部、行走箱和机身的振动性质为混沌运动,由此可以推断出,采煤机整机系统各部件的振动性质均为混沌运动。

4.3.4 频域响应特性分析

采煤机前牵引部、行走箱和机身的振动频谱如图 4-6 所示。

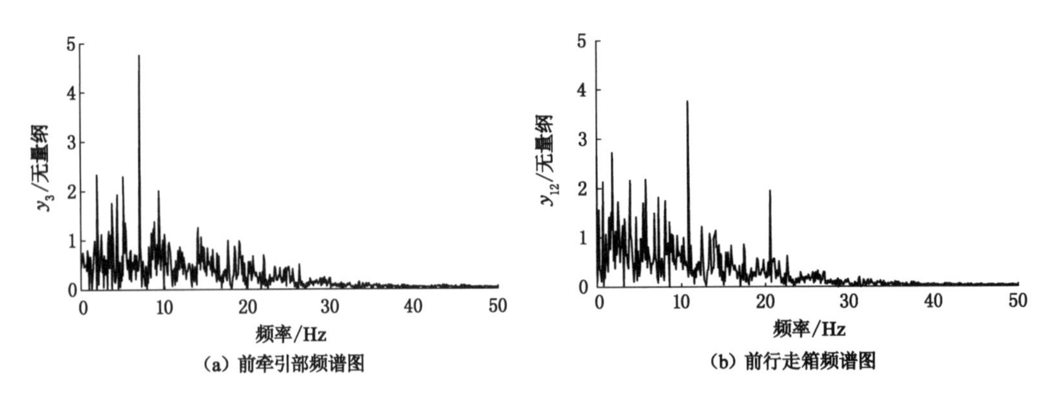

(a) 前牵引部频谱图

(b) 前行走箱频谱图

图 4-6 采煤机关键零部件的振动频谱图

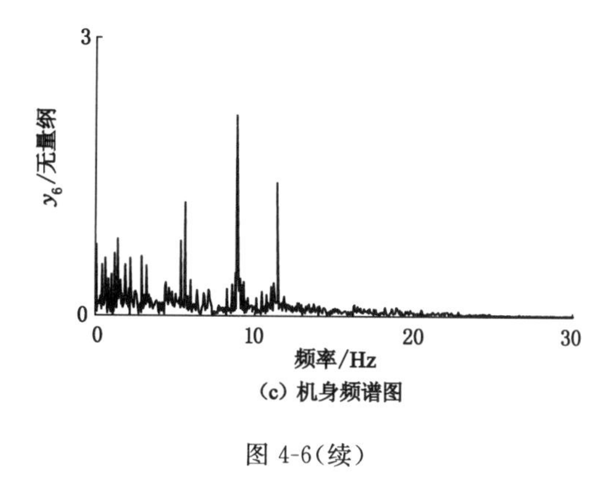

(c) 机身频谱图

图 4-6(续)

由图 4-6 可以看出,采煤机前侧牵引部、行走箱和机身的振动均为低频振动,主频率分别为 7.47 Hz、11.06 Hz、9.21 Hz,并且在振动频谱中夹杂着一些较低的频率特性。

4.3.5 不同工况参数下动力学特性分析

基于以上分析,分别求解了不同牵引速度、不同煤岩硬度、不同俯仰角,采煤机前滚筒、前摇臂、前牵引部、前行走箱以及机身的振动摆角和振动位移平均值。图 4-7 为不同牵引速度下采煤机关键零部件振动位移。图 4-8 为不同煤岩硬度下采煤机关键零部件振动位移。图 4-9 不同俯仰角下采煤机关键零部件振动位移。

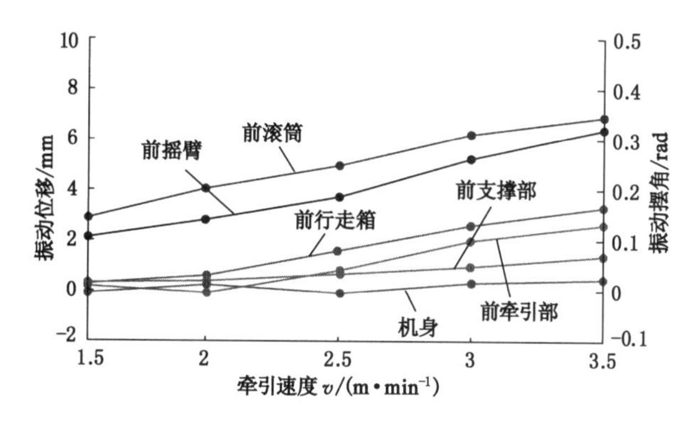

图 4-7 不同牵引速度下采煤机关键零部件振动位移

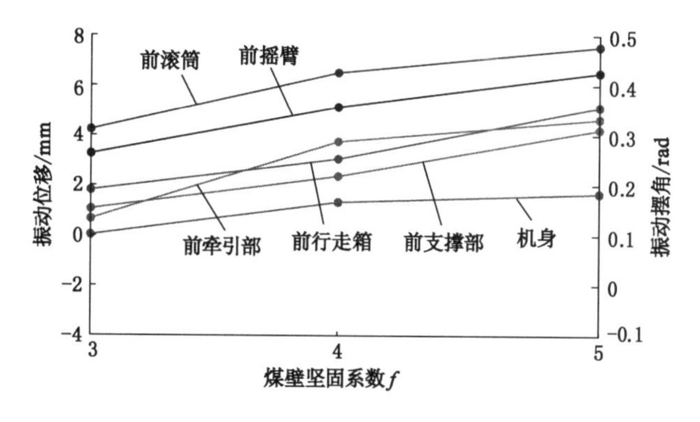

图 4-8 不同煤岩硬度下采煤机关键零部件振动位移

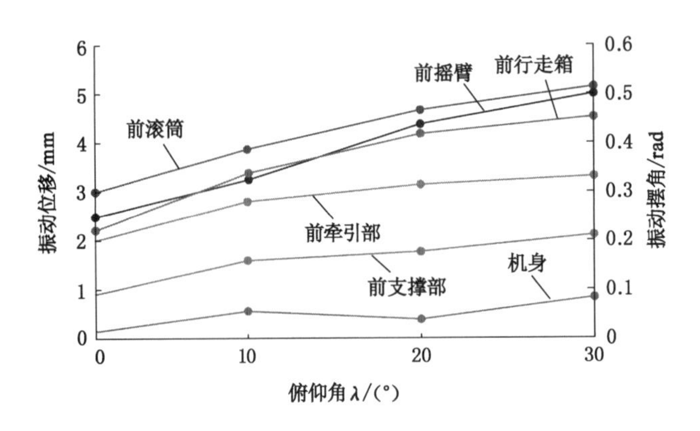

图 4-9　不同俯仰角下采煤机关键零部件振动位移

从图 4-7 中可以看出，随着牵引速度增大，采煤机前侧滚筒、摇臂、支撑部、行走箱以及牵引部的变化趋势较明显，而机身的变化趋势较稳定。随着采煤机牵引速度的增大，滚筒作为采煤机整机动力学系统的载荷输入端，由于滚筒载荷增大，进而滚筒的振动摆角也随之增大，而采煤机摇臂的振动位移变化受到滚筒的影响，因此采煤机摇臂振动量的变化趋势与滚筒一致，前滚筒振动摆角均值变化范围为 0.17～0.34 rad，前摇臂振动位移均值变化范围为 2.07～5.70 mm。基于以上分析，采煤机行走轮的转速影响着采煤机的牵引速度，进而牵引速度的变化直接影响着行走箱的振动位移变化，因此行走箱的振动位移变化趋势较明显，振动位移均值变化范围为 0.30～2.37 mm。由于在采煤机多自由度的耦合动力学模型中，采煤机牵引部受到不同空间平面中振动摆角的影响，进而影响着牵引部的振动位移的变化，同时又受到行走箱的动态特性的影响，因此采煤机牵引部的振动位移变化趋势较明显，振动位移均值变化范围为 0.11～2.01 mm。

从图 4-8 中可以看出，随着煤岩硬度的增大，采煤机各部分的振动位移均值也随之增加，其中除机身外采煤机各部分的振动位移变化趋势较明显。并基于以上对图 4-7 的分析，采煤机滚筒和摇臂的振动位移变化趋势一致。随着煤岩硬度增大，采煤机前侧牵引部、行走箱和支撑部的振动位移均值趋近于同一个值，其中前行走箱振动位移均值变化范围为 1.96～4.64 mm。

从图 4-9 中可以看出，随着采煤机俯仰角的增大，采煤机各部分的振动位移和振动摆角的平均值逐渐增大，其中前滚筒、前摇臂和前行走箱的振动位移变化趋势最明显，在采煤机俯仰角由 0～30°变化过程中，前滚筒的振动摆角平均值变化范围 0.36～0.52 rad，前摇臂振动位移平均值变化范围为 0.27～0.50 rad，前行走箱振动位移平均值变化范围为 2.29～4.32 mm。

5 斜切工况下采煤机动力学特性

采煤机沿综采工作面双向截煤时，每次截割完工作面全长的煤岩后，工作面就需要向煤岩的方向推进一个截深的距离。在采煤机准备下一次截煤之前，首先要将采煤机滚筒截入煤岩中，使采煤机滚筒推进一个截深，整个这一过程称为进刀。采煤机的进刀方式主要分为斜切进刀和正切进刀两种，其中斜切进刀方式在实际生产过程中应用最为广泛。斜切进刀方式是采煤机沿着刮板输送机弯曲段逐渐向前行走，进而滚筒逐渐截入煤岩的进刀方式。优点是大量减少了工人的工作量和作业强度，进而提高了生产效率；使缺口处顶板悬露面积较小，便于维护。图 5-1 为采煤机一次双向截煤过程的示意图，其中 1 为采煤机前滚筒，2 为采煤机后滚筒。

当采煤机前一次对整个工作面煤岩截割工作时，如图 5-1(a)所示，将采煤机后滚筒逐渐下降，以便截割巷道底部残留的煤，翻转挡煤板，将采煤机前滚筒逐渐提升到顶部。同时将刮板输送机推移成 S 弯形，准备采煤机下一次的斜切进刀工作。

采煤机沿刮板输送机 S 形弯逐渐向前行进，在整个行进的过程中，采煤机前后滚筒分别截割煤岩，当采煤机前滚筒达到所需要的截深时，采煤机逐渐驶出 S 弯，直到后滚筒同样达到所需的截深时，采煤机已经完成了整个斜切进刀过程，然后采煤机继续截煤，直到工作面回风巷处。同时刮板输送机被推移油缸推成直线形，整个过程如图 5-1(b)、图 5-1(c)、图 5-1(d)所示。

当采煤机截割到工作面回风巷处时，翻转挡煤板，将采煤机前后滚筒的上下位置对调，沿刮板输送机向左行进截割煤岩，直到工作面运输巷处，整个过程如图 5-1(d)、图 5-1(f)所示。以上为采煤机一次双向截煤煤岩的过程。

采煤机在斜切进刀的过程中，滚筒受到的轴向载荷冲击要远远大于正常工况下滚筒的轴向载荷冲击，随着截深逐渐增大，受到的载荷冲击也逐渐增大，进而影响采煤机整机的动态特性。本章依据斜切进刀工况下采煤机的工作性质，综合考虑了斜切工况下含有间隙的摇臂与牵引部结合面的接触特性、平滑靴与中部槽的接触特性、导向滑靴与销排的接触特性、机身与牵引部的连接特性、行走箱和支撑部与牵引部的连接特性以及摇臂的自身特性，将采煤机前滚筒在牵引方向与轴向的载荷作为系统的外激励，对斜切工况下采煤机整机的动态特性进行分析研究。

5.1 斜切工况下整机动力学模型建立

本节结合采煤机斜切进刀过程的特性，并基于 3.1 节中的假设条件，同样采用集中参数法以及多体动力学理论，将斜切工况下采煤机整机划分为前后滚筒、前后摇臂、前后牵引部、前后行走箱、前后支撑部以及机身，共 11 个部分组成，建立了斜切工况下采煤机整机的动力学模型，如图 5-2 所示。

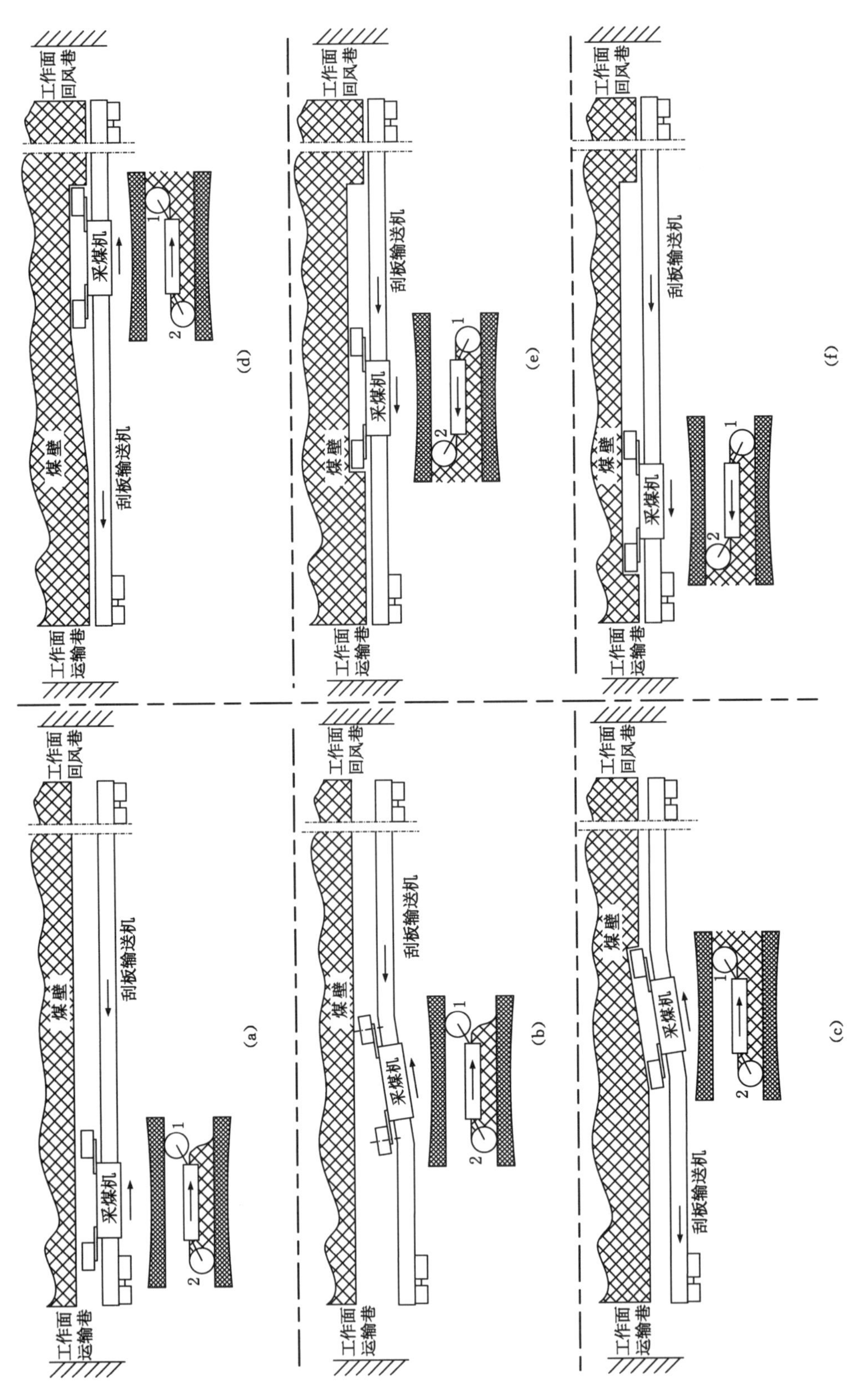

图5-1 采煤机一次双向截煤示意图

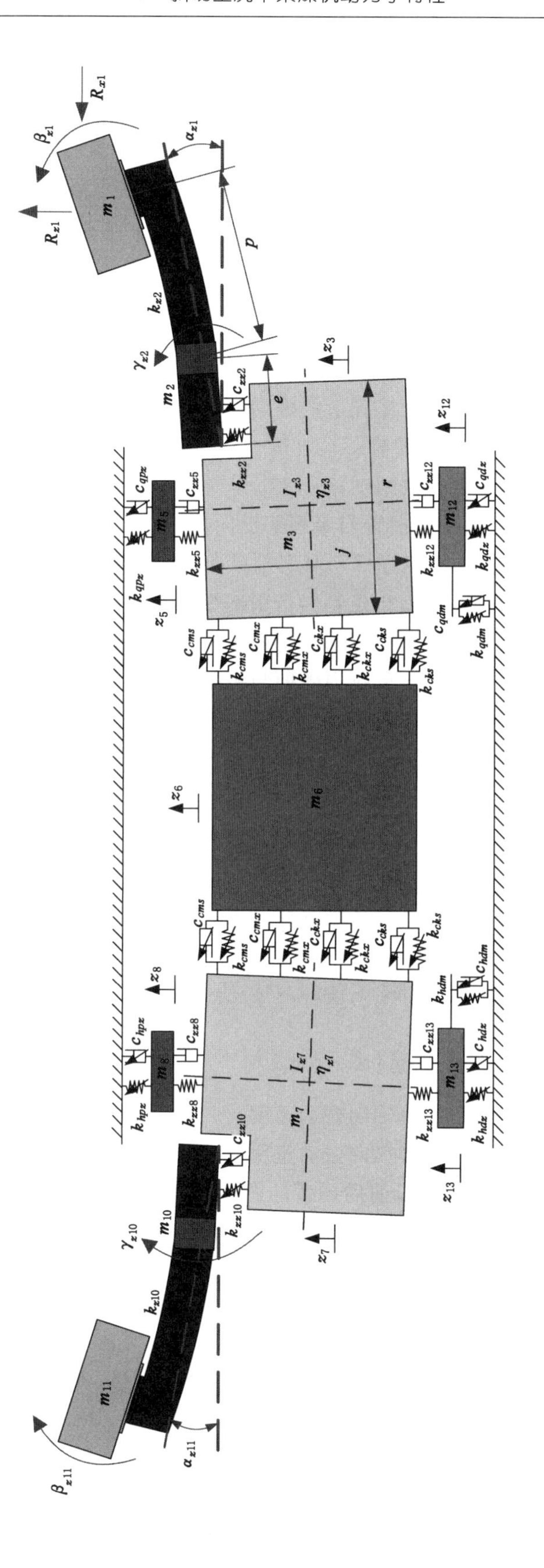

图5-2　斜切工况下采煤机非线性动力学模型

图中：

z_3、z_7 分别为前后牵引部纵向振动位移；

z_5、z_8 分别为前后支撑部纵向振动位移；

z_{12}、z_{13} 分别为前后行走箱纵向振动位移；

z_6 为机身纵向振动位移；

I_{z3}、I_{z7} 分别为前后牵引部在斜切工况下的转动惯量；

η_{z3}、η_{z7} 分别为前后牵引部在斜切工况下的振动转角；

α_{z1}、α_{z11} 分别为前后摇臂初始位置时与牵引部的夹角；

β_{z1}、β_{z11} 分别为前后滚筒在斜切工况下的振动摆角；

γ_{z2}、γ_{z10} 分别为前后摇臂在斜切工况下的振动摆角；

R_{z1} 为采煤机前滚筒轴向截割载荷；

k_{z2}、k_{z10} 分别为前后摇臂的等效刚度；

k_{zz2}、c_{zz2}、k_{zz10}、c_{zz10} 分别为前后摇臂与牵引部纵向接触刚度和阻尼；

k_{zz5}、c_{zz5}、k_{zz8}、c_{zz8} 分别为前后支撑部与牵引部纵向接触刚度和阻尼；

k_{zz12}、c_{zz12}、k_{zz13}、c_{zz13} 分别为前后行走箱与牵引部纵向接触刚度和阻尼；

k_{qpz}、c_{qpz}、k_{hpz}、c_{hpz} 分别为前后平滑靴与中部槽纵向等效接触刚度和阻尼；

k_{qdz}、c_{qdz}、k_{hdz}、c_{hdz} 分别前后导向滑靴内侧面与销排纵向等效接触刚度和阻尼；

k_{qdm}、c_{qdm}、k_{hdm}、c_{hdm} 分别为前后导向滑靴内顶面与销排纵向等效接触刚度和阻尼。

基于以上分析，假设初始位置。斜切工况下采煤机各零部件连接位置的两侧间隙相等，则整机系统的：

① 系统动能为：

$$\begin{aligned} T &= T_1 + T_2 + T_3 + T_5 + T_{12} + T_6 + T_7 + T_{13} + T_8 + T_{10} + T_{11} \\ &= \frac{1}{2}m_1(v_{x1}^2 + v_{z1}^2) + \frac{1}{2}m_2(v_{x2}^2 + v_{z2}^2) + \frac{1}{2}m_3\dot{z}_3^2 + \frac{1}{2}I_{z3}\cdot\dot{\eta}_{z3}^2 + \frac{1}{2}m_{12}\dot{z}_{12}^2 + \\ &\quad \frac{1}{2}m_5\dot{z}_5^2 + \frac{1}{2}m_6\dot{z}_6^2 + \frac{1}{2}m_7\dot{z}_7^2 + \frac{1}{2}I_{z7}\cdot\dot{\eta}_{z7}^2 + \frac{1}{2}m_{13}\dot{z}_{13}^2 + \frac{1}{2}m_8\dot{z}_8^2 + \\ &\quad \frac{1}{2}m_{10}(v_{x10}^2 + v_{z10}^2) + \frac{1}{2}m_{11}(v_{x11}^2 + v_{z11}^2) \end{aligned} \tag{5-1}$$

式中 v_{z1}、v_{z11}——采煤机前后滚筒轴向振动速度；

v_{z2}、v_{z10}——采煤机前后摇臂纵向振动速度。

由于在采煤机正常工作过程中，前后摇臂的振动摆很小，因此有：$\sin(\alpha_{z1}+\gamma_{z2})\approx\sin\alpha_{z1}$，$\cos(\alpha_{z1}+\gamma_{z2})\approx\cos\alpha_{z1}$；$\sin(\alpha_{z11}+\gamma_{z10})\approx\sin\alpha_{z11}$，$\cos(\alpha_{z11}+\gamma_{z10})\approx\cos\alpha_{z11}$，则有：

$$\begin{cases} v_{x2} = e\cdot\dot{\gamma}_{z2}\cdot\cos\alpha_{z1} \\ v_{z2} = \dot{z}_3 + e\cdot\dot{\gamma}_{z2}\cdot\sin\alpha_{z1} \end{cases} \tag{5-2}$$

$$\begin{cases} v_{x10} = e\cdot\dot{\gamma}_{z10}\cdot\cos\alpha_{z11} \\ v_{z10} = \dot{z}_7 + e\cdot\dot{\gamma}_{z10}\cdot\sin\alpha_{z11} \end{cases} \tag{5-3}$$

$$\begin{cases} v_{x1} = e\cdot\dot{\gamma}_{z2}\cdot\cos\alpha_{z1} + p\cdot\dot{\beta}_{z1}\cdot\cos\alpha_{z1} \\ v_{z1} = \dot{z}_3 + e\cdot\dot{\gamma}_{z2}\cdot\sin\alpha_{z1} + p\cdot\dot{\beta}_{z1}\cdot\sin\alpha_{z1} \end{cases} \tag{5-4}$$

$$\begin{cases} v_{x11} = e \cdot \dot{\gamma}_{z10} \cdot \cos \alpha_{z11} + p \cdot \dot{\beta}_{z11} \cdot \cos \alpha_{z11} \\ v_{z11} = \dot{z}_7 + e \cdot \dot{\gamma}_{z10} \cdot \sin \alpha_{z11} + p \cdot \dot{\beta}_{z11} \cdot \sin \alpha_{z11} \end{cases} \tag{5-5}$$

将式(5-2)～式(5-5)代入式(5-1)中：

$$T_1 = \frac{1}{2} m_1 [(e \cdot \dot{\gamma}_{z2} \cdot \cos \alpha_{z1} + p \cdot \dot{\beta}_{z1} \cdot \cos \alpha_{z1})^2 + (\dot{z}_3 + e \cdot \dot{\gamma}_{z2} \cdot \sin \alpha_{z1} + p \cdot \dot{\beta}_{z1} \cdot \sin \alpha_{z1})^2] \tag{5-6}$$

$$T_2 = \frac{1}{2} m_2 [(e \cdot \dot{\gamma}_{z2} \cdot \cos \alpha_{z1})^2 + (\dot{z}_3 + e \cdot \dot{\gamma}_{z2} \cdot \sin \alpha_{z1})^2] \tag{5-7}$$

$$T_{10} = \frac{1}{2} m_{10} [(e \cdot \dot{\gamma}_{z10} \cdot \cos \alpha_{z11})^2 + (\dot{z}_7 + e \cdot \dot{\gamma}_{z10} \cdot \sin \alpha_{z11})^2] \tag{5-8}$$

$$T_{11} = \frac{1}{2} m_{11} [(e \cdot \dot{\gamma}_{z10} \cdot \cos \alpha_{z11} + p \cdot \dot{\beta}_{z11} \cdot \cos \alpha_{z11})^2 + (\dot{z}_7 + e \cdot \dot{\gamma}_{z10} \cdot \sin \alpha_{z11} + p \cdot \dot{\beta}_{z11} \cdot \sin \alpha_{z11})^2] \tag{5-9}$$

② 系统的势能为：

$$\begin{aligned} U = & \frac{1}{2} k_{z2} (p \cdot \beta_{z1})^2 + \frac{1}{2} k_{zz2} \left[e \cdot \gamma_{z2} - \left(z_3 + \frac{1}{2} r \cdot \eta_{z3} \right) - \frac{d_{xy}}{2} \right]^2 + \frac{1}{2} k_{zz5} \left(z_5 - z_3 - \frac{d_{xp}}{2} \right)^2 + \\ & \frac{1}{2} k_{qpz} z_5^2 + \frac{1}{2} k_{zz12} \left(z_3 - z_{12} - \frac{d_{xd}}{2} \right)^2 + \frac{1}{2} k_{qdz} \left(z_{12} - \frac{w_{xd}}{2} \right)^2 + \frac{1}{2} k_{qdm} z_{12}^2 + \\ & \frac{1}{2} k_{cms} \left(z_3 + \frac{1}{2} l_{cms} \cdot \eta_{z3} + z_7 + \frac{1}{2} l_{cms} \cdot \eta_{z7} - z_6 \right)^2 + \\ & \frac{1}{2} k_{cmx} \left(z_3 + \frac{1}{2} l_{cmx} \cdot \eta_{z3} + z_7 + \frac{1}{2} l_{cmx} \cdot \eta_{z7} - z_6 \right)^2 + \\ & \frac{1}{2} k_{cks} \left(z_3 + \frac{1}{2} l_{cks} \cdot \eta_{z3} + z_7 + \frac{1}{2} l_{cks} \cdot \eta_{z7} - z_6 \right)^2 + \\ & \frac{1}{2} k_{ckx} \left(z_3 + \frac{1}{2} l_{ckx} \cdot \eta_{z3} + z_7 + \frac{1}{2} l_{ckx} \cdot \eta_{z7} - z_6 \right)^2 + \frac{1}{2} k_{hdm} z_{12}^2 + \frac{1}{2} k_{hdz} \left(z_{13} - \frac{w_{xd}}{2} \right)^2 + \\ & \frac{1}{2} k_{zz13} \left(z_7 - z_{13} - \frac{d_{xd}}{2} \right)^2 + \frac{1}{2} k_{hpz} z_8^2 + \frac{1}{2} k_{zz8} \left(z_8 - z_7 - \frac{d_{xp}}{2} \right)^2 + \\ & \frac{1}{2} k_{zz10} \left[e \cdot \gamma_{z10} - \left(z_7 + \frac{1}{2} r \cdot \eta_{z7} \right) - \frac{d_{xy}}{2} \right]^2 + \frac{1}{2} k_{z10} (p \cdot \beta_{z11})^2 \end{aligned} \tag{5-10}$$

③ 系统耗散能为：

$$\begin{aligned} D = & \frac{1}{2} c_{zz2} \left[e \cdot \dot{\gamma}_{z2} - \left(\dot{z}_3 + \frac{1}{2} r \cdot \dot{\eta}_{z3} \right) \right]^2 + \frac{1}{2} c_{zz5} (\dot{z}_5 - \dot{z}_3)^2 + \frac{1}{2} c_{qpz} \dot{z}_5^2 + \\ & \frac{1}{2} c_{zz12} (\dot{z}_3 - \dot{z}_{12})^2 + \frac{1}{2} c_{qdz} \dot{z}_{12}^2 + \frac{1}{2} c_{qdm} \dot{z}_{12}^2 + \\ & \frac{1}{2} c_{cms} \left(\dot{z}_3 + \frac{1}{2} l_{cms} \cdot \dot{\eta}_{z3} + \dot{z}_7 + \frac{1}{2} l_{cms} \cdot \dot{\eta}_{z7} - \dot{z}_6 \right)^2 + \\ & \frac{1}{2} c_{cmx} \left(\dot{z}_3 + \frac{1}{2} l_{cmx} \cdot \dot{\eta}_{z3} + \dot{z}_7 + \frac{1}{2} l_{cmx} \cdot \dot{\eta}_{z7} - \dot{z}_6 \right)^2 + \\ & \frac{1}{2} c_{cks} \left(\dot{z}_3 + \frac{1}{2} l_{cks} \cdot \dot{\eta}_{z3} + \dot{z}_7 + \frac{1}{2} l_{cks} \cdot \dot{\eta}_{z7} - \dot{z}_6 \right)^2 + \\ & \frac{1}{2} c_{ckx} \left(\dot{z}_3 + \frac{1}{2} l_{ckx} \cdot \dot{\eta}_{z3} + \dot{z}_7 + \frac{1}{2} l_{ckx} \cdot \dot{\eta}_{z7} - \dot{z}_6 \right)^2 + \\ & \frac{1}{2} c_{hdm} \dot{z}_{12}^2 + \frac{1}{2} c_{hdz} \dot{z}_{13}^2 + \frac{1}{2} c_{zz13} (\dot{z}_7 - \dot{z}_{13})^2 + \frac{1}{2} c_{hpz} \dot{z}_8^2 + \frac{1}{2} c_{zz8} (\dot{z}_8 - \dot{z}_7)^2 + \end{aligned}$$

$$\frac{1}{2}c_{zz10}\left[e\cdot\dot{\gamma}_{z10}-\left(\dot{z}_7+\frac{1}{2}r\cdot\dot{\eta}_{z7}\right)\right]^2 \tag{5-11}$$

将式(5-1)、式(5-10)、式(5-11)代入式(5-12)拉格朗日动力学方程中，并按式(3-13)整理可得：

矩阵 $\boldsymbol{M}$ 为：

$$\boldsymbol{M}=\begin{bmatrix}\boldsymbol{M}_1 & \\ & \boldsymbol{M}_2\end{bmatrix}$$

其中，

$$\boldsymbol{M}_1=\begin{bmatrix} m_1\cdot p^2 & e\cdot m_1\cdot p & m_1\cdot p\cdot\sin\alpha_{z1}\\ e\cdot m_1\cdot p & e^2\cdot(m_1+m_2) & e\cdot(m_1+m_2)\cdot\sin\alpha_{z1}\\ m_1\cdot p\cdot\sin\alpha_{z1} & e\cdot(m_1+m_2)\cdot\sin\alpha_{z1} & m_1+m_2+m_3\end{bmatrix}$$

$$\boldsymbol{M}_2=\begin{bmatrix} m_7+m_{10}+m_{11} & & & & & & & & M_{4,12} & M_{4,13}\\ & m_5 & & & & & & & & \\ & & m_6 & & & & & & & \\ & & & m_8 & & & & & & \\ & & & & m_{12} & & & & & \\ & & & & & m_{13} & & & & \\ & & & & & & I_{z3} & & & \\ & & & & & & & I_{z7} & & \\ M_{12,4} & & & & & & & & e^2\cdot(m_{10}+m_{11}) & M_{12,13}\\ M_{13,4} & & & & & & & & M_{13,12} & m_{11}\cdot p^2\end{bmatrix}$$

其中，

$\boldsymbol{M}_{4,12}=e\cdot(m_{10}+m_{11})\cdot\sin\alpha_{z11}$

$M_{4,13}=m_{11}\cdot p\cdot\sin\alpha_{z11}$

$M_{12,4}=e\cdot(m_{10}+m_{11})\cdot\sin\alpha_{z11}$

$M_{12,13}=e\cdot m_{11}\cdot p$

$M_{13,4}=m_{11}\cdot p\cdot\sin\alpha_{z11}$

$M_{13,12}=e\cdot m_{11}\cdot p$

矩阵 $\boldsymbol{C}$ 为：

$$\boldsymbol{C}=\begin{bmatrix}\boldsymbol{C}_1 & \boldsymbol{C}_3\\ \boldsymbol{C}_4 & \boldsymbol{C}_2\end{bmatrix}$$

$$\boldsymbol{C}_1=\begin{bmatrix} 0 & 0 & 0 & 0 & 0 & 0 & 0\\ 0 & e^2\cdot c_{zz2} & -e\cdot c_{zz2} & 0 & 0 & 0 & 0\\ 0 & -e\cdot c_{zz2} & C_{3,3} & C_{3,4} & -c_{zz5} & C_{3,6} & 0\\ 0 & 0 & C_{4,3} & C_{4,4} & 0 & C_{4,6} & -c_{zz8}\\ 0 & 0 & -c_{zz5} & 0 & c_{qpz}+c_{zz5} & 0 & 0\\ 0 & 0 & C_{6,3} & C_{6,4} & 0 & C_{6,6} & 0\\ 0 & 0 & 0 & -c_{zz8} & 0 & 0 & c_{hpz}+c_{zz8}\end{bmatrix}$$

$$C_2=\begin{bmatrix} C_{8,8} & 0 & 0 & 0 & 0 & 0 \\ 0 & C_{9,9} & 0 & 0 & 0 & 0 \\ 0 & 0 & C_{10,10} & C_{10,11} & 0 & 0 \\ 0 & 0 & C_{11,10} & C_{11,11} & -\frac{1}{2}(e\cdot r\cdot c_{zz10}) & 0 \\ 0 & 0 & 0 & -\frac{1}{2}(e\cdot r\cdot c_{zz10}) & e^2\cdot c_{zz10} & 0 \\ 0 & 0 & 0 & 0 & 0 & 0 \end{bmatrix}$$

$$C_3=\begin{bmatrix} 0 & 0 & 0 & 0 & 0 & 0 \\ 0 & 0 & -\frac{1}{2}(e\cdot r\cdot c_{zz2}) & 0 & 0 & 0 \\ -c_{zz12} & 0 & C_{3,10} & C_{3,11} & 0 & 0 \\ 0 & -c_{zz13} & C_{4,10} & C_{4,11} & -e\cdot c_{zz10} & 0 \\ 0 & 0 & 0 & 0 & 0 & 0 \\ 0 & 0 & C_{6,10} & C_{6,11} & 0 & 0 \\ 0 & 0 & 0 & 0 & 0 & 0 \end{bmatrix}$$

$$C_4=\begin{bmatrix} 0 & 0 & -c_{zz12} & 0 & 0 & 0 & 0 \\ 0 & 0 & 0 & -c_{zz13} & 0 & 0 & 0 \\ 0 & -\frac{1}{2}(e\cdot r\cdot c_{zz2}) & C_{10,3} & C_{10,4} & 0 & C_{10,6} & 0 \\ 0 & 0 & C_{11,3} & C_{11,4} & 0 & C_{11,6} & 0 \\ 0 & 0 & 0 & -e\cdot c_{zz10} & 0 & 0 & 0 \\ 0 & 0 & 0 & 0 & 0 & 0 & 0 \end{bmatrix}$$

$$C_{3,3}=c_{cks}+c_{ckx}+c_{cms}+c_{cmx}+c_{zz2}+c_{zz5}+c_{zz12}$$

$$C_{3,4}=c_{cks}+c_{ckx}+c_{cms}+c_{cmx}$$

$$C_{3,6}=-(c_{cks}+c_{ckx}+c_{cms}+c_{cmx})$$

$$C_{3,10}=\frac{1}{2}(l_{cks}\cdot c_{cks}+l_{ckx}\cdot c_{ckx}+l_{cms}\cdot c_{cms}+l_{cmx}\cdot c_{cmx}+r\cdot c_{zz2})$$

$$C_{3,11}=\frac{1}{2}(l_{cks}\cdot c_{cks}+l_{ckx}\cdot c_{ckx}+l_{cms}\cdot c_{cms}+l_{cmx}\cdot c_{cmx})$$

$$C_{4,3}=c_{cks}+c_{ckx}+c_{cms}+c_{cmx}$$

$$C_{4,4}=c_{cks}+c_{ckx}+c_{cms}+c_{cmx}+c_{zz8}+c_{zz10}+c_{zz13}$$

$$C_{4,6}=-(c_{cks}+c_{ckx}+c_{cms}+c_{cmx})$$

$$C_{4,10}=\frac{1}{2}(l_{cks}\cdot c_{cks}+l_{ckx}\cdot c_{ckx}+l_{cms}\cdot c_{cms}+l_{cmx}\cdot c_{cmx})$$

$$C_{4,11}=\frac{1}{2}(l_{cks}\cdot c_{cks}+l_{ckx}\cdot c_{ckx}+l_{cms}\cdot c_{cms}+l_{cmx}\cdot c_{cmx}+r\cdot c_{zz10})$$

$$C_{6,3}=-(c_{cks}+c_{ckx}+c_{cms}+c_{cmx})$$

$$C_{6,4}=-(c_{cks}+c_{ckx}+c_{cms}+c_{cmx})$$

$$C_{6,6}=c_{cks}+c_{ckx}+c_{cms}+c_{cmx}$$

$$C_{6,10}=-\frac{1}{2}(l_{cks}\cdot c_{cks}+l_{ckx}\cdot c_{ckx}+l_{cms}\cdot c_{cms}+l_{cmx}\cdot c_{cmx})$$

$$C_{6,11}=-\frac{1}{2}(l_{cks}\cdot c_{cks}+l_{ckx}\cdot c_{ckx}+l_{cms}\cdot c_{cms}+l_{cmx}\cdot c_{cmx})$$

$$C_{8,8}=c_{qdm}+c_{qdz}+c_{zz12}$$

$$C_{9,9}=c_{hdm}+c_{hdz}+c_{zz13}$$

$$C_{10,3}=\frac{1}{2}(l_{cks}\cdot c_{cks}+l_{ckx}\cdot c_{ckx}+l_{cms}\cdot c_{cms}+l_{cmx}\cdot c_{cmx}+r\cdot c_{zz2})$$

$$C_{10,4}=\frac{1}{2}(l_{cks}\cdot c_{cks}+l_{ckx}\cdot c_{ckx}+l_{cms}\cdot c_{cms}+l_{cmx}\cdot c_{cmx})$$

$$C_{10,6}=-\frac{1}{2}(l_{cks}\cdot c_{cks}+l_{ckx}\cdot c_{ckx}+l_{cms}\cdot c_{cms}+l_{cmx}\cdot c_{cmx})$$

$$C_{10,10}=\frac{1}{4}(l_{cks}^2\cdot c_{cks}+l_{ckx}^2\cdot c_{ckx}+l_{cms}^2\cdot c_{cms}+l_{cmx}^2\cdot c_{cmx}+r^2\cdot c_{zz2})$$

$$C_{10,11}=\frac{1}{4}(l_{cks}^2\cdot c_{cks}+l_{ckx}^2\cdot c_{ckx}+l_{cms}^2\cdot c_{cms}+l_{cmx}^2\cdot c_{cmx})$$

$$C_{11,3}=\frac{1}{2}(l_{cks}\cdot c_{cks}+l_{ckx}\cdot c_{ckx}+l_{cms}\cdot c_{cms}+l_{cmx}\cdot c_{cmx})$$

$$C_{11,4}=\frac{1}{2}(l_{cks}\cdot c_{cks}+l_{ckx}\cdot c_{ckx}+l_{cms}\cdot c_{cms}+l_{cmx}\cdot c_{cmx}+r\cdot c_{zz10})$$

$$C_{11,6}=-\frac{1}{2}(l_{cks}\cdot c_{cks}+l_{ckx}\cdot c_{ckx}+l_{cms}\cdot c_{cms}+l_{cmx}\cdot c_{cmx})$$

$$C_{11,10}=\frac{1}{4}(l_{cks}^2\cdot c_{cks}+l_{ckx}^2\cdot c_{ckx}+l_{cms}^2\cdot c_{cms}+l_{cmx}^2\cdot c_{cmx})$$

$$C_{11,11}=\frac{1}{4}(l_{cks}^2\cdot c_{cks}+l_{ckx}^2\cdot c_{ckx}+l_{cms}^2\cdot c_{cms}+l_{cmx}^2\cdot c_{cmx}+r^2\cdot c_{zz10})$$

矩阵$\boldsymbol{K}$为：

$$\boldsymbol{K}=\begin{bmatrix}\boldsymbol{K}_1 & \boldsymbol{K}_3\\ \boldsymbol{K}_4 & \boldsymbol{K}_2\end{bmatrix}$$

$$\boldsymbol{K}_1=\begin{bmatrix}0 & 0 & 0 & 0 & 0 & 0 & 0\\ 0 & e^2\cdot k_{zz2} & -e\cdot k_{zz2} & 0 & 0 & 0 & 0\\ 0 & -e\cdot k_{zz2} & K_{3,3} & K_{3,4} & -k_{zz5} & K_{3,6} & 0\\ 0 & 0 & K_{4,3} & K_{4,4} & 0 & K_{4,6} & -k_{zz8}\\ 0 & 0 & -k_{zz5} & 0 & k_{qpz}+k_{zz5} & 0 & 0\\ 0 & 0 & K_{6,3} & K_{6,4} & 0 & K_{6,6} & 0\\ 0 & 0 & 0 & -k_{zz8} & 0 & 0 & k_{hpz}+k_{zz8}\end{bmatrix}$$

$$\boldsymbol{K}_2=\begin{bmatrix}K_{8,8} & 0 & 0 & 0 & 0 & 0\\ 0 & K_{9,9} & 0 & 0 & 0 & 0\\ 0 & 0 & K_{10,10} & K_{10,11} & 0 & 0\\ 0 & 0 & K_{11,10} & K_{11,11} & -\frac{1}{2}(e\cdot r\cdot k_{zz10}) & 0\\ 0 & 0 & 0 & -\frac{1}{2}(e\cdot r\cdot k_{zz10}) & e^2\cdot k_{zz10} & 0\\ 0 & 0 & 0 & 0 & 0 & 0\end{bmatrix}$$

$$\boldsymbol{K}_3=\begin{bmatrix} 0 & 0 & 0 & 0 & 0 & 0 \\ 0 & 0 & -\frac{1}{2}(e \cdot r \cdot k_{zz2}) & 0 & 0 & 0 \\ -k_{zz12} & 0 & K_{3,10} & K_{3,11} & 0 & 0 \\ 0 & -k_{zz13} & K_{4,10} & K_{4,11} & -e \cdot k_{zz10} & 0 \\ 0 & 0 & 0 & 0 & 0 & 0 \\ 0 & 0 & K_{6,10} & K_{6,11} & 0 & 0 \\ 0 & 0 & 0 & 0 & 0 & 0 \end{bmatrix}$$

$$\boldsymbol{K}_4=\begin{bmatrix} 0 & 0 & -k_{zz12} & 0 & 0 & 0 & 0 \\ 0 & 0 & 0 & -k_{zz13} & 0 & 0 & 0 \\ 0 & -\frac{1}{2}(e \cdot r \cdot k_{zz2}) & K_{10,3} & K_{10,4} & 0 & K_{10,6} & 0 \\ 0 & 0 & K_{11,3} & K_{11,4} & 0 & K_{11,6} & 0 \\ 0 & 0 & 0 & -e \cdot k_{zz10} & 0 & 0 & 0 \\ 0 & 0 & 0 & 0 & 0 & 0 & 0 \end{bmatrix}$$

$$K_{3,3}=k_{cks}+k_{ckx}+k_{cms}+k_{cmx}+k_{zz2}+k_{zz5}+k_{zz12}$$

$$K_{3,4}=k_{cks}+k_{ckx}+k_{cms}+k_{cmx}$$

$$K_{3,6}=-(k_{cks}+k_{ckx}+k_{cms}+k_{cmx})$$

$$K_{3,10}=\frac{1}{2}(l_{cks} \cdot k_{cks}+l_{ckx} \cdot k_{ckx}+l_{cms} \cdot k_{cms}+l_{cmx} \cdot k_{cmx}+r \cdot k_{zz2})$$

$$K_{3,11}=\frac{1}{2}(l_{cks} \cdot k_{cks}+l_{ckx} \cdot k_{ckx}+l_{cms} \cdot k_{cms}+l_{cmx} \cdot k_{cmx})$$

$$K_{4,3}=k_{cks}+k_{ckx}+k_{cms}+k_{cmx}$$

$$K_{4,4}=k_{cks}+k_{ckx}+k_{cms}+k_{cmx}+k_{zz8}+k_{zz10}+k_{zz13}$$

$$K_{4,6}=-(k_{cks}+k_{ckx}+k_{cms}+k_{cmx})$$

$$K_{4,10}=\frac{1}{2}(l_{cks} \cdot k_{cks}+l_{ckx} \cdot k_{ckx}+l_{cms} \cdot k_{cms}+l_{cmx} \cdot k_{cmx})$$

$$K_{4,11}=\frac{1}{2}(l_{cks} \cdot k_{cks}+l_{ckx} \cdot k_{ckx}+l_{cms} \cdot k_{cms}+l_{cmx} \cdot k_{cmx}+r \cdot k_{zz10})$$

$$K_{6,3}=-(k_{cks}+k_{ckx}+k_{cms}+k_{cmx})$$

$$K_{6,4}=-(k_{cks}+k_{ckx}+k_{cms}+k_{cmx})$$

$$K_{6,6}=k_{cks}+k_{ckx}+k_{cms}+k_{cmx}$$

$$K_{6,10}=-\frac{1}{2}(l_{cks} \cdot k_{cks}+l_{ckx} \cdot k_{ckx}+l_{cms} \cdot k_{cms}+l_{cmx} \cdot k_{cmx})$$

$$K_{6,11}=-\frac{1}{2}(l_{cks} \cdot k_{cks}+l_{ckx} \cdot k_{ckx}+l_{cms} \cdot k_{cms}+l_{cmx} \cdot k_{cmx})$$

$$K_{8,8}=k_{qdm}+k_{qdz}+k_{zz12}$$

$$K_{9,9}=k_{hdm}+k_{hdz}+k_{zz13}$$

$$K_{10,3}=\frac{1}{2}(l_{cks} \cdot k_{cks}+l_{ckx} \cdot k_{ckx}+l_{cms} \cdot k_{cms}+l_{cmx} \cdot k_{cmx}+r \cdot k_{zz2})$$

$$K_{10,4}=\frac{1}{2}(l_{cks}\cdot k_{cks}+l_{ckx}\cdot k_{ckx}+l_{cms}\cdot k_{cms}+l_{cmx}\cdot k_{cmx})$$

$$K_{10,6}=-\frac{1}{2}(l_{cks}\cdot k_{cks}+l_{ckx}\cdot k_{ckx}+l_{cms}\cdot k_{cms}+l_{cmx}\cdot k_{cmx})$$

$$K_{10,10}=\frac{1}{4}(l_{cks}^2\cdot k_{cks}+l_{ckx}^2\cdot k_{ckx}+l_{cms}^2\cdot k_{cms}+l_{cmx}^2\cdot k_{cmx}+r^2\cdot k_{zz2})$$

$$K_{10,11}=\frac{1}{4}(l_{cks}^2\cdot k_{cks}+l_{ckx}^2\cdot k_{ckx}+l_{cms}^2\cdot k_{cms}+l_{cmx}^2\cdot k_{cmx})$$

$$K_{11,3}=\frac{1}{2}(l_{cks}\cdot k_{cks}+l_{ckx}\cdot k_{ckx}+l_{cms}\cdot k_{cms}+l_{cmx}\cdot k_{cmx})$$

$$K_{11,4}=\frac{1}{2}(l_{cks}\cdot k_{cks}+l_{ckx}\cdot k_{ckx}+l_{cms}\cdot k_{cms}+l_{cmx}\cdot k_{cmx}+r\cdot k_{zz10})$$

$$K_{11,6}=-\frac{1}{2}(l_{cks}\cdot k_{cks}+l_{ckx}\cdot k_{ckx}+l_{cms}\cdot k_{cms}+l_{cmx}\cdot k_{cmx})$$

$$K_{11,10}=\frac{1}{4}(l_{cks}^2\cdot k_{cks}+l_{ckx}^2\cdot k_{ckx}+l_{cms}^2\cdot k_{cms}+l_{cmx}^2\cdot k_{cmx})$$

$$K_{11,11}=\frac{1}{4}(l_{cks}^2\cdot k_{cks}+l_{ckx}^2\cdot k_{ckx}+l_{cms}^2\cdot k_{cms}+l_{cmx}^2\cdot k_{cmx}+r^2\cdot k_{zz10})$$

矩阵 **Z** 为：

$$\mathbf{Z}=[\beta_{z1},\gamma_{z2},z_3,z_7,z_5,z_6,z_8,z_{12},z_{13},\eta_{z3},\eta_{z7},\gamma_{z10},\beta_{z11}]^{\mathrm{T}}$$

矩阵 **F** 为：

$$\mathbf{F}=\begin{bmatrix} R_{z1}\cdot p\cdot \cos\alpha_{z1}+R_{x1}\cdot p\cdot \sin\alpha_{z1} \\ \frac{1}{2}d_{xy}\cdot k_{zz2}\cdot e \\ -\frac{1}{2}d_{xy}\cdot k_{zz2} \\ -\frac{1}{2}d_{xy}\cdot k_{zz10} \\ 0 \\ 0 \\ 0 \\ \frac{1}{2}w_{xd}\cdot k_{qdz} \\ \frac{1}{2}w_{xd}\cdot k_{hdz} \\ -\frac{1}{4}d_{xy}\cdot k_{zz2}\cdot r \\ -\frac{1}{4}d_{xy}\cdot k_{zz10}\cdot r \\ \frac{1}{2}d_{xy}\cdot k_{zz10}\cdot e \\ 0 \end{bmatrix}$$

5.2　关键零部件刚度模型建立

5.2.1　含有间隙的摇臂与牵引部结合面法向刚度模型

在实际工作过程中，摇臂与牵引部连接处的间隙会产生接触碰撞，这些碰撞影响着摇臂与牵引部的动态特性。由于摇臂、牵引部与连接销轴结合面间轴向的接触刚度不大，接触特性对摇臂、牵引部的纵向动态特性影响不大，因此在对摇臂与牵引部接触刚度描述过程中，只考虑摇臂与牵引部连接处之间的间隙对其接触刚度的影响，如图5-3所示。依据采煤机摇臂与牵引部连接处的几何参数，d_{x12}为采煤机牵引部与摇臂连接处总宽度，d_y为采煤机摇臂与牵引部连接铰耳总宽度，$d_{xy}=d_{x12}-d_y$为采煤机摇臂与牵引部连接处的间隙。

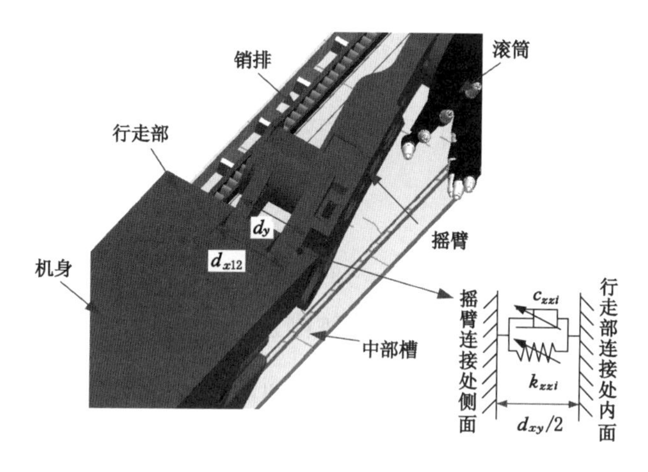

图5-3　采煤机摇臂与牵引部连接示意图

基于以上分析，结合斜切工况下的采煤机：

① 当采煤机前后摇臂与牵引部连接处均未发生接触碰撞时，即

$$\left|z_3+\frac{r}{2}\cdot\sin\eta_{z3}-[e\cdot\sin(\gamma_{z2}+\alpha_{z1})]\right|\leqslant\frac{d_{xy}}{2},\left|z_7+\frac{r}{2}\cdot\sin\eta_{z7}-[e\cdot\sin(\gamma_{z10}+\alpha_{z11})]\right|\leqslant\frac{d_{xy}}{2}$$

此时$k_{zz2}=0$，$k_{zz10}=0$。

② 当采煤机前摇臂与牵引部连接处发生接触碰撞，而采煤机后摇臂与牵引部连接处未发生接触碰撞时，即

$$\left|z_3+\frac{r}{2}\cdot\sin\eta_{z3}-[e\cdot\sin(\gamma_{z2}+\alpha_{z1})]\right|>\frac{d_{xy}}{2},\left|z_7+\frac{r}{2}\cdot\sin\eta_{z7}-[e\cdot\sin(\gamma_{z10}+\alpha_{z11})]\right|\leqslant\frac{d_{xy}}{2}$$

此时$k_{zz2}\neq0$，$k_{zz10}=0$。

③ 当采煤机前摇臂与牵引部连接处未发生接触碰撞，而采煤机后摇臂与牵引部连接处发生接触碰撞时，即

$$\left|z_3+\frac{r}{2}\cdot\sin\eta_{z3}-[e\cdot\sin(\gamma_{z2}+\alpha_{z1})]\right|\leqslant\frac{d_{xy}}{2},\left|z_7+\frac{r}{2}\cdot\sin\eta_{z7}-[e\cdot\sin(\gamma_{z10}+\alpha_{z11})]\right|>\frac{d_{xy}}{2}$$

此时$k_{zz2}=0$，$k_{zz10}\neq0$。

④ 当采煤机前后摇臂与牵引部连接处均发生接触碰撞时，即

$$\left|z_3+\frac{r}{2}\cdot\sin\eta_{z3}-[e\cdot\sin(\gamma_{z2}+\alpha_{z1})]\right|>\frac{d_{xy}}{2},\left|z_7+\frac{r}{2}\cdot\sin\eta_{z7}-[e\cdot\sin(\gamma_{z10}+\alpha_{z11})]\right|>\frac{d_{xy}}{2}$$

此时 $k_{zz2}\neq 0, k_{zz10}\neq 0$。

基于以上分析，5.2.3 是对采煤机导向滑靴与平滑靴的支撑刚度的描述，斜切工况下采煤机前后摇臂与牵引部连接处接触特性结合面法向刚度为：

$$\begin{cases} k_{zz2}=\dfrac{2E_{xy}D}{\sqrt{\pi}(1-D)}\psi^{(2-D)/2}\left(z_3+\dfrac{r}{2}\cdot\sin\eta_3-[e\cdot\sin(\gamma_{z2}+\alpha_{z1})]-\dfrac{d_{xy}}{2}\right)^{D/2} & \\ \cdot\left[\left(z_3+\dfrac{r}{2}\cdot\sin\eta_3-[e\cdot\sin(\gamma_{z2}+\alpha_{z1})]-\dfrac{d_{xy}}{2}\right)^{(1-D)/2}-\left(\dfrac{a_{\mu xy}}{2}\right)^{(1-D)/2}\right] & \left|z_3+\dfrac{r}{2}\cdot\sin\eta_3-[e\cdot\sin(\gamma_{z2}+\alpha_{z1})]\right|>\dfrac{d_{xy}}{2} \\ k_{zz2}=0 & \left|z_3+\dfrac{r}{2}\cdot\sin\eta_3-[e\cdot\sin(\gamma_{z2}+\alpha_{z1})]\right|\leqslant\dfrac{d_{xy}}{2} \end{cases} \tag{5-12}$$

$$\begin{cases} k_{zz10}=\dfrac{2E_{xy}D}{\sqrt{\pi}(1-D)}\psi^{(2-D)/2}\left(z_7+\dfrac{r}{2}\cdot\sin\eta_7-[e\cdot\sin(\gamma_{z10}+\alpha_{z11})]-\dfrac{d_{xy}}{2}\right)^{D/2} & \\ \cdot\left[\left(z_7+\dfrac{r}{2}\cdot\sin\eta_7-[e\cdot\sin(\gamma_{z10}+\alpha_{z11})]-\dfrac{d_{xy}}{2}\right)^{(1-D)/2}-\left(\dfrac{a_{\mu xy}}{2}\right)^{(1-D)/2}\right] & \left|z_7+\dfrac{r}{2}\cdot\sin\eta_7-[e\cdot\sin(\gamma_{z10}+\alpha_{z11})]\right|>\dfrac{d_{xy}}{2} \\ k_{zz10}=0 & \left|z_7+\dfrac{r}{2}\cdot\sin\eta_7-[e\cdot\sin(\gamma_{z10}+\alpha_{z11})]\right|\leqslant\dfrac{d_{xy}}{2} \end{cases} \tag{5-13}$$

5.2.2 平滑靴与中部槽结合面切向接触刚度模型

由 3.2.1 节中对采煤机平滑靴与中部槽结合面的切向刚度的描述过程，可得斜切工况下，前后平滑靴与中部槽结合面切向刚度为：

$$k_{qpz}=\left(\frac{3}{4\pi}\right)^{\frac{1}{3}}\cdot\frac{4D}{1-D}\cdot\frac{\dfrac{G_s\cdot P'_{tqp}}{\mu P_{nqp}}}{1-\left(1-\dfrac{P'_{tqp}}{\mu P_{nqp}}\right)^{\frac{2}{3}}}\cdot\left(\frac{P_{nqp}}{E_{pz}\cdot A_{pz}}\right)\cdot\psi^{1-0.5D}G^{\frac{1-D}{3}}a_{\max}^{0.5D}\left(a_{pz}^{\frac{1-D}{3}}-a_{\mu c}^{\frac{1-D}{3}}\right) \tag{5-14}$$

$$k_{hpz}=\left(\frac{3}{4\pi}\right)^{\frac{1}{3}}\cdot\frac{4D}{1-D}\cdot\frac{\dfrac{G_s\cdot P'_{thp}}{\mu P_{nqp}}}{1-\left(1-\dfrac{P'_{thp}}{\mu P_{nhp}}\right)^{\frac{2}{3}}}\cdot\left(\frac{P_{nhp}}{E_{pz}\cdot A_{pz}}\right)\cdot\psi^{1-0.5D}G^{\frac{1-D}{3}}a_{\max}^{0.5D}\left(a_{pz}^{\frac{1-D}{3}}-a_{\mu c}^{\frac{1-D}{3}}\right) \tag{5-15}$$

式中，P'_{tqp}、P'_{thp} 分别为斜切工况下前后平滑靴与中部槽结合面的切向载荷。

5.2.3 导向滑靴与销排结合面接触刚度模型

依据斜切工况下行走箱中导向滑靴与销排接触情况，以及几何参数，如图 5-4 所示，导向滑靴与销排结合面中同时存在着切向刚度与法向刚度，需要对其分别描述。其中，d_d 为采煤机导向滑靴内侧的宽度；w_x 为销排的宽度。

基于以上分析，将导向滑靴结合面假设为粗糙表面，将销排结合面假设为理想光滑刚性表面，由以上对平滑靴与中部槽结合面的切向刚度描述中，可得前后导向滑靴与销排结合面

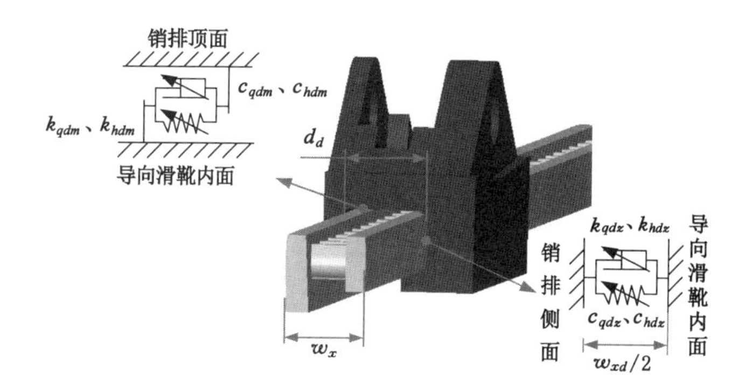

图 5-4　导向滑靴与销排连接示意图

的切向刚度为：

$$k_{qdm}=\left(\frac{3}{4\pi}\right)^{\frac{1}{3}}\cdot\frac{4D}{1-D}\cdot\frac{\dfrac{G'_s\cdot P'_{tqd}}{\mu P_{nqd}}}{1-\left(1-\dfrac{P'_{tqd}}{\mu P_{nqd}}\right)^{\frac{2}{3}}}\cdot\left(\frac{P_{nqd}}{E_{dx}\cdot A_{dx}}\right)\cdot\psi^{1-0.5D}G^{\frac{1-D}{3}}a'^{0.5D}_{\max}\left(a_{dx}^{\frac{1-D}{3}}-a'^{\frac{1-D}{3}}_{\mu c}\right)\tag{5-16}$$

$$k_{hdm}=\left(\frac{3}{4\pi}\right)^{\frac{1}{3}}\cdot\frac{4D}{1-D}\cdot\frac{\dfrac{G'_s\cdot P'_{thd}}{\mu P_{nhd}}}{1-\left(1-\dfrac{P'_{thd}}{\mu P_{nhd}}\right)^{\frac{2}{3}}}\cdot\left(\frac{P_{nhd}}{E_{dx}\cdot A_{dx}}\right)\cdot\psi^{1-0.5D}G^{\frac{1-D}{3}}a'^{0.5D}_{\max}\left(a_{dx}^{\frac{1-D}{3}}-a'^{\frac{1-D}{3}}_{\mu c}\right)\tag{5-17}$$

式中　P'_{tqd}、P'_{thd}——斜切工况下前后导向滑靴与销排结合面的切向载荷；

P_{nqd}、P_{nhd}——斜切工况下前后导向滑靴与销排结合面的法向载荷；

G'_s——导向滑靴与销排结合面微凸体等效剪切模量；

E_{dx}——导向滑靴与销排结合面微凸体等效弹性模量；

A_{dx}——导向滑靴与销排实际接触面积；

$a'_{\max}$——导向滑靴与销排结合面微凸体最大接触面积；

a_{dx}——导向滑靴与销排结合面微凸体实际接触面积；

$a'_{\mu c}$——导向滑靴与销排结合面微凸体弹-塑性临界接触面积。

从图 5-4 中可以看出，采煤机导向滑靴与刮板输送机销排之间的间隙为 $w_{xd}=d_d-w_x$，假设初始位置时，导向滑靴与销排两侧的间隙相等，则有：

① 当采煤机前后导向滑靴与销排结合面均未发生接触碰撞时，即 $|z_{12}|\leqslant\frac{w_{xd}}{2}$，$|z_{13}|\leqslant\frac{w_{xd}}{2}$，此时 $k_{qdz}=0$，$k_{hdz}=0$。

② 当采煤机前导向滑靴与销排结合面发生接触碰撞，后导向滑靴与销排结合面未发生接触碰撞时，即 $|z_{12}|>\frac{w_{xd}}{2}$，$|z_{13}|\leqslant\frac{w_{xd}}{2}$，此时 $k_{qdz}\neq0$，$k_{hdz}=0$。

③ 当采煤机前导向滑靴与销排结合面未发生接触碰撞，后导向滑靴与销排结合面发生接触碰撞时，即 $|z_{12}|\leqslant\frac{w_{xd}}{2}$，$|z_{13}|>\frac{w_{xd}}{2}$，此时 $k_{qdz}=0$，$k_{hdz}\neq0$。

④ 当采煤机前后导向滑靴与销排结合面均发生接触碰撞时，即$|z_{12}|>\frac{w_{xd}}{2}$，$|z_{13}|>\frac{w_{xd}}{2}$，此时$k_{qdz}\neq 0$，$k_{hdz}\neq 0$。

从微观角度分析，可得采煤机前后导向滑靴与刮板输送机销排结合面法向接触刚度为：

$$\begin{cases} k_{qdz}=\dfrac{2E_{dx}D}{\sqrt{\pi}(1-D)}\psi^{(2-D)/2}\left(z_{12}-\dfrac{w_{xd}}{2}\right)^{D/2}\left[\left(z_{12}-\dfrac{w_{xd}}{2}\right)^{(1-D)/2}-\left(\dfrac{w_{\mu xd}}{2}\right)^{(1-D)/2}\right] & |z_{12}|>\dfrac{w_{xd}}{2} \\ k_{qdz}=0 & |z_{12}|\leqslant\dfrac{w_{xd}}{2} \end{cases} \tag{5-18}$$

$$\begin{cases} k_{hdz}=\dfrac{2E_{dx}D}{\sqrt{\pi}(1-D)}\psi^{(2-D)/2}\left(z_{13}-\dfrac{w_{xd}}{2}\right)^{D/2}\left[\left(z_{13}-\dfrac{w_{xd}}{2}\right)^{(1-D)/2}-\left(\dfrac{w_{\mu xd}}{2}\right)^{(1-D)/2}\right] & |z_{13}|>\dfrac{w_{xd}}{2} \\ k_{hdz}=0 & |z_{13}|\leqslant\dfrac{w_{xd}}{2} \end{cases} \tag{5-19}$$

式中，$w_{\mu xd}$为导向滑靴与销排结合面微凸体弹性变形与塑性变形之间的临界接触截面积。

5.2.4 机身与牵引部连接刚度模型

基于以上分析，斜切工况下采煤机机身与牵引部连接特性可描述为：

$$k_{cms}=\begin{cases} \dfrac{3E_eI_e}{l_{cms}^3} & z_3+z_7+\dfrac{j}{2}\cdot(\eta_{z3}+\eta_{z7})-z_6\neq 10 \\ 0 & z_3+z_7+\dfrac{j}{2}\cdot(\eta_{z3}+\eta_{z7})-z_6=10 \end{cases} \tag{5-20}$$

$$k_{cmx}=\begin{cases} \dfrac{3E_eI_e}{l_{cmx}^3} & z_3+z_7+\dfrac{j}{2}\cdot(\eta_{z3}+\eta_{z7})-z_6\neq 6 \\ 0 & z_3+z_7+\dfrac{j}{2}\cdot(\eta_{z3}+\eta_{z7})-z_6=6 \end{cases} \tag{5-21}$$

$$k_{cks}=\begin{cases} \dfrac{3E_eI_e}{l_{cks}^3} & z_3+z_7+\dfrac{j}{2}\cdot(\eta_{z3}+\eta_{z7})-z_6\neq 7 \\ 0 & z_3+z_7+\dfrac{j}{2}\cdot(\eta_{z3}+\eta_{z7})-z_6=7 \end{cases} \tag{5-22}$$

$$k_{ckx}=\begin{cases} \dfrac{3E_eI_e}{l_{ckx}^3} & z_3+z_7+\dfrac{j}{2}\cdot(\eta_{z3}+\eta_{z7})-z_6\neq 6 \\ 0 & z_3+z_7+\dfrac{j}{2}\cdot(\eta_{z3}+\eta_{z7})-z_6=6 \end{cases} \tag{5-23}$$

5.3 仿真结果分析

基于以上对采煤机斜切进刀过程的描述，采煤机在斜切进刀过程中，前滚筒受到的载荷冲击要远远大于后滚筒受到载荷冲击，以下主要对在斜切进刀过程中，采煤机前部分的关键零部件动力学特性进行分析。

5.3.1　振动位移和振动摆角特性分析

在采煤机牵引速度为 3 m/min、滚筒转速 32 r/min、俯仰角为 0、前摇臂的举升角为 27°、后摇臂举升角为－15°以及煤岩坚固系数 $f=3$ 工况参数下，斜切工况下采煤机关键零部件的振动位移和振动摆角如图 5-5 所示。

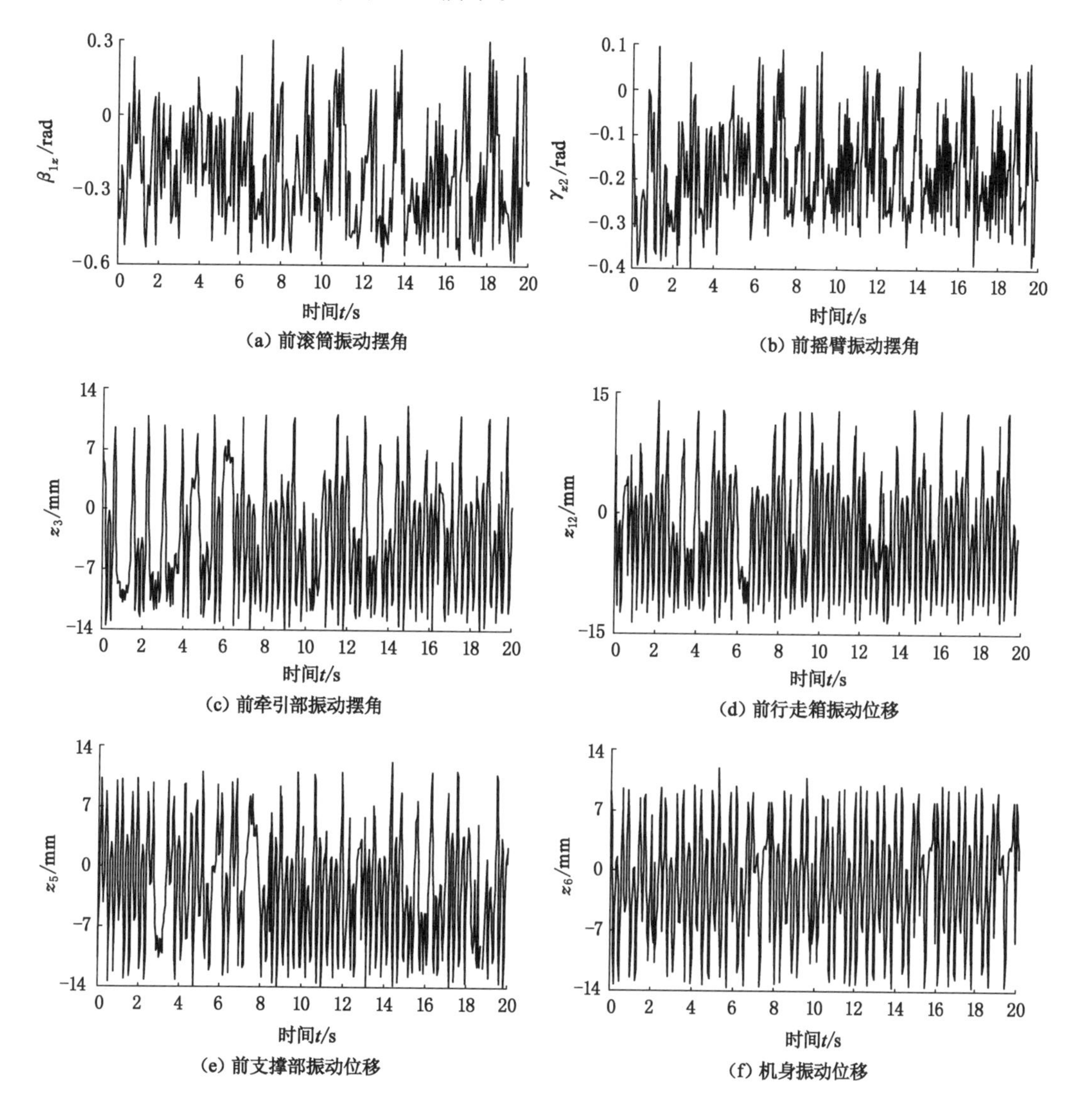

图 5-5　斜切工况下采煤机关键零部件的振动位移与振动摆角曲线

由图 5-5 可以看出，斜切工况下的采煤机各部分的振动位移和振动摆角均在大于某个数值范围内振动，并且大部分时间内振动摆角和振动位移的数值均为负值，结合图 5-2 所建立的俯视平面采煤机整机系统的动力学模型，方向为远离煤壁方向。由于采煤机滚筒作为外激励的输入端，振动摆角波动的范围要大于摇臂振动摆角的波动范围，其中前滚筒振动摆角波动范围为－0.6～0.3 rad，前摇臂振动摆角波动范围为－0.4～0.1 rad。由于采煤机摇臂与牵引部之间存在连接间隙，进而影响采煤机摇臂振动特性，从图 5-5(b)中可以看出，在大部分的时间内，采煤机摇臂振动摆角均在−0.3 rad 以上，其中在某个时刻采煤机摇臂的振动摆角会达到−0.4 rad。

从图 5-5(c)、图 5-5(d)、图 5-5(e)、图 5-5(f)，采煤机牵引部、行走箱、支撑部和机身的振动位移曲线可以看出，四者的振动位移波动范围一致，均有−14 mm 以上波动。可以看出，采煤机行走箱构件中的导向滑靴内侧与刮板输送机销排边的间隙为 28 mm，由于初始条件假设导向滑靴与销排两侧间隙相等，并且采煤机牵引部与行走箱、牵引部均采用紧密连接方式，不存在间隙，采煤机机身与牵引部之间采用四根液压拉杠的连接方式，因此采煤机行走箱的振动特性影响着采煤机牵引部、支撑部和机身的振动特性，由此四者的振动均有−14 mm 以上的位移波动，其中前行走箱振动位移波动范围为−14～14 mm。采煤机机身作为整个系统的末端，其振动位移波动趋势比较稳定。

5.3.2 振动加速度特性分析

基于以上分析，斜切工况下采煤机前摇臂和前行走箱振动加速度曲线如图 5-6 所示。

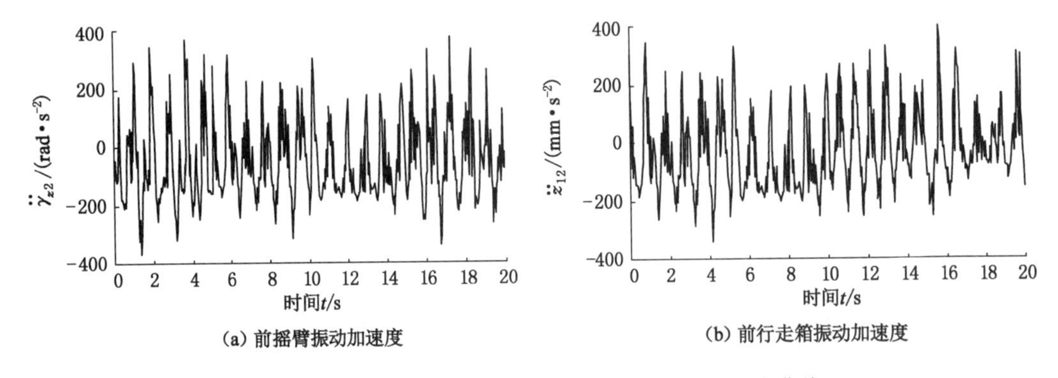

图 5-6 斜切工况下采煤机关键零部件的振动加速度曲线

由图 5-6 采煤机前摇臂和前行走箱的振动加速度曲线可以看出，在大部分的时间内振动加速度均为正值，方向为指向煤壁方向。结合图 5-5(b)和图 5-6(a)，可以看出在大部分时间内采煤机摇臂与牵引部一端发生接触碰撞，产生强烈的载荷冲击，会加剧采煤机摇臂连接销轴的轴向损耗，其中在 0～6 s 时间内接触碰撞最剧烈，振动加速度可达 400 rad/s^2，当采煤机摇臂与牵引部一端接触碰撞之后，在强烈的载荷冲击作用下，摇臂又会向另一侧振动，但在滚筒与煤岩发生载荷冲击影响下，摇臂又会向牵引部同一侧振动，发生接触碰撞，摇臂的振动位移方向在与牵引部间隙之间复杂交变叠加，而摇臂的振动也会引起采煤机滚筒与煤壁发生强烈的载荷冲击，进而会影响采煤机截割部齿轮传动系统的稳定性以及摇臂壳体的可靠性。结合图 5-5(d)和图 5-6(b)所示的采煤机行走箱的振动时域响应曲线，可以看出在大部分时间内，采煤机导向滑靴只与刮板输送机销排一侧发生接触碰撞，振动加速度可达 400 mm/s^2，与摇臂的振动加速度接近，在强烈的接触碰撞载荷冲击作用下，会加剧采煤导向滑靴与刮板输送机销排接触面的磨损程度、行走轮与销排接触面的磨损程度、导向滑靴和行走轮连接销轴的轴向磨损程度。

5.3.3 振动相图与庞加莱截面图

基于以上分析，斜切工况下采煤机前摇臂和前行走箱的振动位移响应特征曲线如图 5-7 所示。

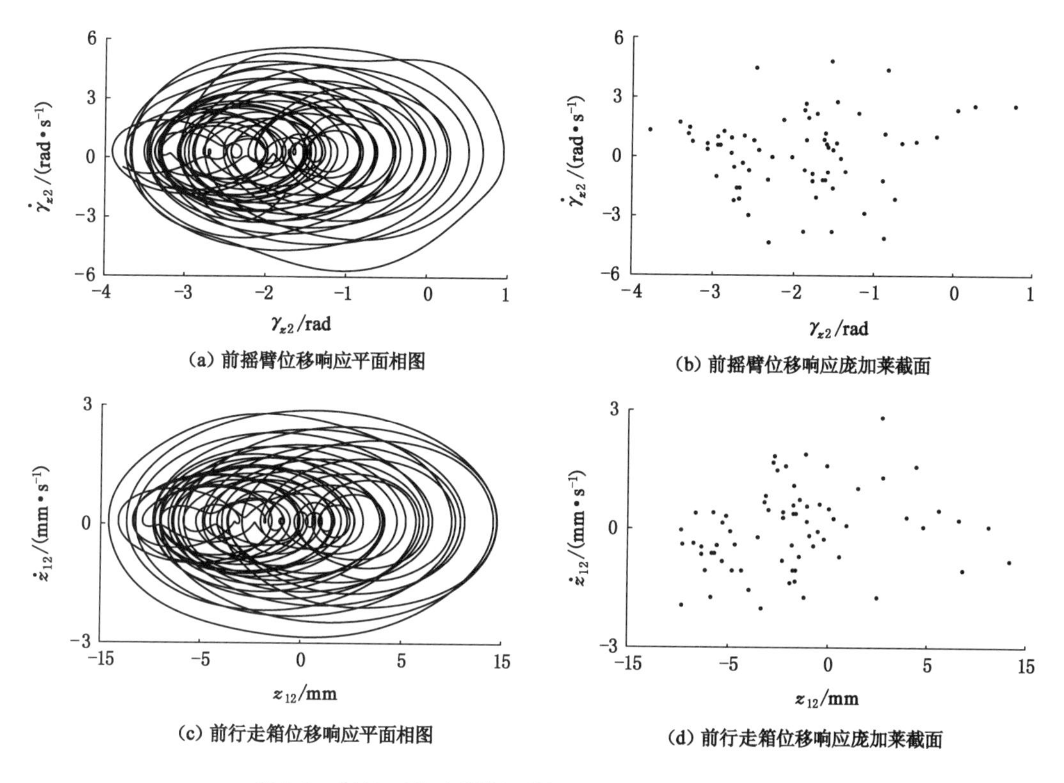

图 5-7 斜切工况下采煤机关键零部件振动位移响应特征

从图 5-7 可以看出，斜切工况下采煤前摇臂和前行走箱的振动性质为混沌运动，由此可以推断出，斜切工况下采煤机系统的前滚筒、前摇臂、前牵引部、前行走箱、前支撑部和机身均为混沌运动。

5.3.4 频域响应特性分析

斜切进刀工况下采煤机前摇臂和前行走箱的振动频谱如图 5-8 所示。

由图 5-8 可以看出，斜切进刀工况下采煤机前摇臂和前行走箱的振动均为低频振动，主频率分别为 16.63 Hz、12.14 Hz。

5.3.5 不同工况参数下动力学特性分析

基于以上分析，分别求解了不同牵引速度和不同煤岩硬度，斜切工况下采煤机前滚筒、摇臂、牵引部、行走箱以及机身的振动摆角和振动位移曲线。图 5-9 为采煤机斜切工况中不同牵引速度下采煤机关键零部件振动位移。图 5-10 为采煤机斜切工况中不同煤岩硬度下采煤机关键零部件振动位移。

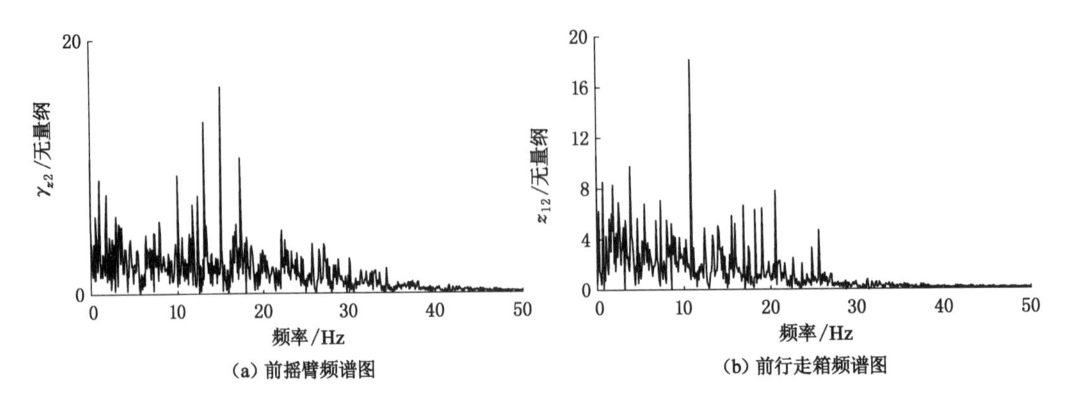

(a) 前摇臂频谱图　　(b) 前行走箱频谱图

图 5-8　斜切进刀工况下采煤机关键零部件振动频谱图

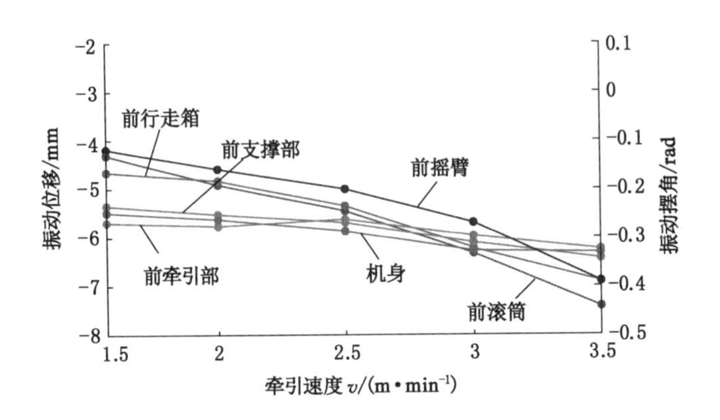

图 5-9　不同牵引速度下采煤机关键零部件振动位移

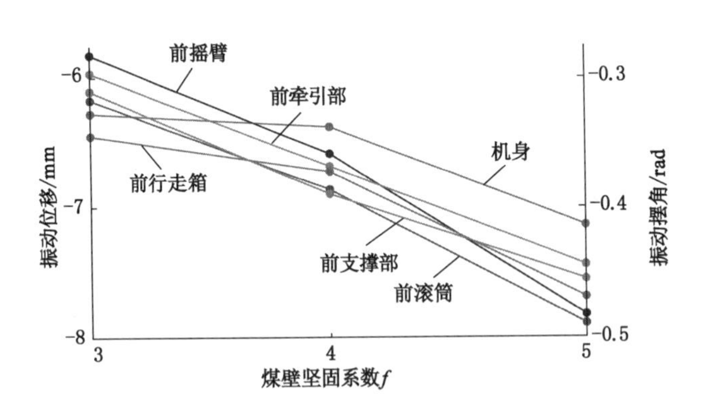

图 5-10　不同煤岩硬度下采煤机关键零部件振动位移

在不同煤岩硬度下采煤机各部分的振动位移的变化量较小，而不同牵引速度下采煤机各部分的振动位移变化量较大，可以看出，采煤机在斜切进刀工况下，牵引速度的变化对采煤机整机各部分的振动位移影响较大。随着牵引速度的增大，采煤机各部分振动位移变化量均值也随之增加，由于采煤机滚筒作为整个动力学系统的载荷输入端，其振动位移的变化量最大，并且由于摇臂与滚筒直接连接，因此摇臂的振动位移变化趋势与滚筒的振动位移变化趋势一致，其中采煤机前滚筒振动摆角均值变化范围为－0.16～－0.44 rad，前摇臂振动摆角均值变化范围为－0.15～－0.39 rad。在采煤机机身、牵引部、支撑部与行走箱中，由于行走轮与销排啮合的速度影响着采煤机整机的牵引速度，因此在以上四者中，采煤机行走箱在牵引速度变化过程中，振动位移变化的趋势最大，振动位移平均值变化范围为－4.61～－6.67 mm。

6 采煤机整机模态特征

由于采煤机在实际的生产工作中，始终处于复杂的振动过程中，因此，采煤机的动态振动特性直接影响着采煤机的工作寿命和性能。模态分析是一种研究结构振动性能的迭代方法，这种方法可以很好地检测物体的动态振动特性，所以，应用模态分析的方法，对采煤机进行动态检测分析，可以“找到”采煤机的共振频率，为采煤机的故障诊断及其振动特性提供一定的参考。

6.1 采煤机整机虚拟模型建立

选取采煤机型号为：MG500/1180 型采煤机，采用自底向上的三维建模技术进行三维建模，并且针对本书研究的侧重点对模型进行了适当的简化。先后建立采煤机机身、前滑靴组、前摇臂、前调高油缸、前滚筒与截齿以及其他附件的虚拟模型。将所建立的前摇臂、前滚筒以及截齿在 Pro/E 中按照各自的位置约束关系组装为采煤机前截割部；将建立好的前滑靴组、前调高油缸、附件以及完成组装的前截割部利用 Pro/E 中的镜像功能，镜像为后滑靴组、后调高油缸以及完成组装的后截割部。最后将以上所建立的各零部件以及组件，按照各自的位置约束关系，采用自下而上的装配方式，组装成采煤机的三维实体模型，如图 6-1 所示。

图 6-1 采煤机三维模型

同样，依据采煤机三维实体建模的流程，同样采用自底向上的三维建模技术对刮板输送机进行三维建模。先后建立中部槽模型、刮板、销轨、刮板链、哑铃等部件（本书为方便起见，不考虑输送机机头、机尾、马达等传动控制装置），然后将所建立的模型以及过程按照其位置约束进行组装，如图 6-2 所示。

最后，按照采煤机与刮板输送机之间的关系完成组装。图 6-3 为采煤机与输送机的总装模型。

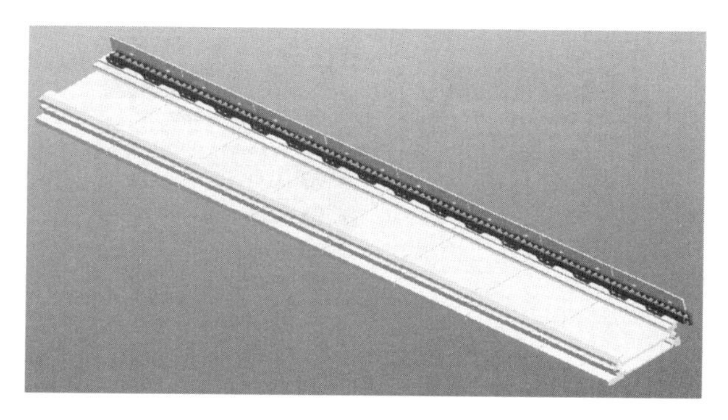

图 6-2 输送机三维模型

图 6-3 采煤机与输送机的总装模型

为了在有限元分析软件 ANSYS Workbench 中能够顺利地运行，最终在 Pro/E 中要对组装完的采煤机与输送机总装模型进行干涉检查。如果检查过程中出现干涉，在 Pro/E 中会用红色的线框在模型上标示出来，并且会在对话框中显示存在干涉零部件的名称以及干涉体积的大小。此时，需要对采煤机以及输送机各零部件的模型进行相应的修正，修正后需再次对总装模型进行干涉检查，如依然存在干涉，需再次对模型修正，直至总装模型中不存在干涉为止(即对话框中不显示存在干涉零部件的名称以及干涉体积的大小)。

6.2 约束条件的设置

应用 Pro/E 三维实体建模软件与有限元分析软件 Workbench 的无缝连接技术进行约束条件的设置。在 Pro/E 中建立好模型后，单击菜单栏下的“ANSYS 14.5”，进入“ANSYS Workbench”中。将 Workbench 软件中 Toolbox(工具箱)下的 Modal(模态分析)模块拖拽到 Project Schematic(项目视图)下的 Geometry(几何建模工具)中，然后在 Modal 模块下的 Engineering Data(工程数据工具)中定义模型的材料，定义采煤机导向滑靴、平滑靴的材料为 ZG35CrMnSi，销轴的材料为 1Cr17Ni2，前后摇臂和机身的材料为 ZG25CrMn2，刮板输送机中部槽的材料为 ZG30CrMnSi，如图 6-4 所示。最后双击 Modal 模块下的 Modal 打开 Mechanical，对模型进行模态分析以及求解。

由于输送机在纵向上很长，为了在 Workbench 软件中减小运算的难度和运算的时间，

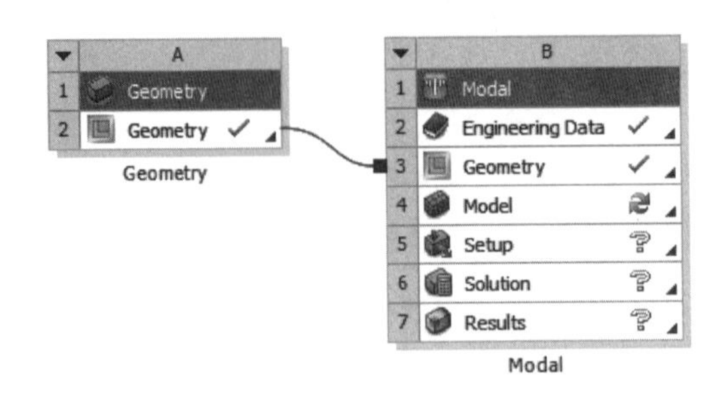

图 6-4　模型输入

应用有限区域影响法，将不与采煤机滑靴接触并且不影响最终分析结果的输送机部分进行适当的删减，保留与采煤机滑靴组接触的输送机模型。依据采煤机在实际工作工程中的工况以及本书分析的对象，在 Mechanical 中选择 Outline 树结构图中 Modal 选项，此时会出现 Enivironment 工具栏，选择此工具栏中 Supports 下的 Displacement 来约束采煤机摇臂、调高油缸、机身之间连接的销轴在 X 方向的位移，然后选择工具栏中 Supports 下的 Fixed Support 将输送机定义为全约束。在 Mechanical 中选择 Outline 树结构图中的 Connections，在 Contacts 下来定义、设置采煤机各部分之间的接触特性，设置采煤机前后行走部与机身、前后滚筒与前后摇臂为一体，采煤机滑靴与输送机之间的摩擦系数为 0.2，前后摇臂与销轴之间的摩擦系数为 0.15。最后应用 Workbench 软件自动划分网格的方法，将模型进行网格划分，如图 6-5 所示。

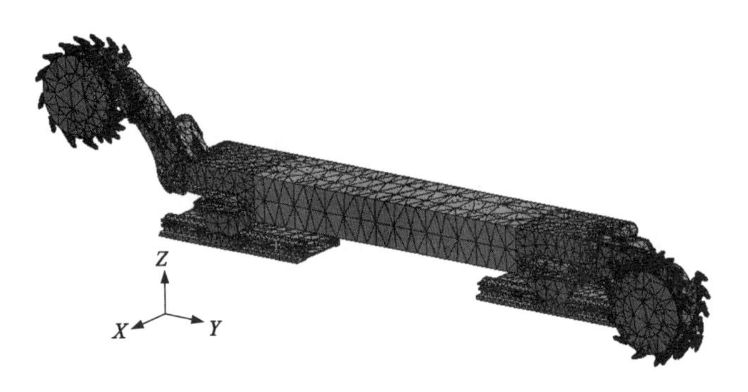

图 6-5　采煤机与输送机有限元模型

6.3　整机模态特性分析

由于采煤机结构复杂、自由度较多，为能更好地反映采煤机整机在各自由度上的振动特性，本节对采煤机整机进行 16 阶模态求解分析。在 Mechanical 中的 Outline 树结构图下的 Modal 选项单击鼠标右键，在弹出的快捷菜单中选择 Solve，对采煤机整机模态进行求解，此时会弹出模态求解的进度显示条，当显示条消失时表明求解完成。此时选择 Outline 树结构图中的 Solution，此时会出现 Solution 工具栏，选择 Solution 工具栏中 Deformation 下的 Total，添加 Total Deformation 1～16，求解查看采煤机整机的 16 阶模态振型。

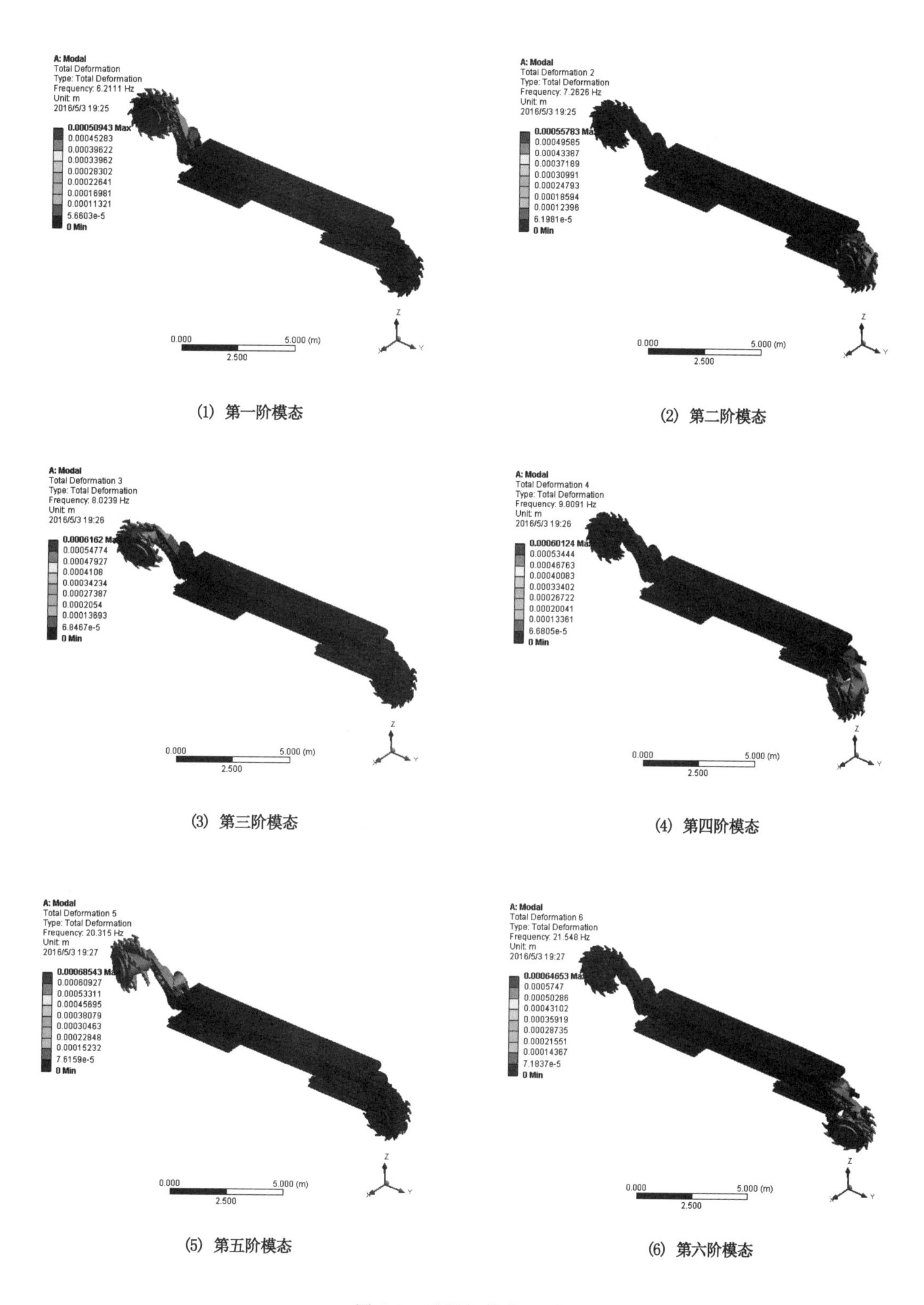
A: Modal
Total Deformation
Type: Total Deformation
Frequency: 6.2111 Hz
Unit: m
2016/5/3 19:25
0.00050943 Max
0.00045283
0.00039622
0.00033962
0.00028302
0.00022641
0.00016981
0.00011321
5.6603e-5
0 Min
0.000
5.000 (m)
2.500
Z
Y
(1) 第一阶模态
A: Modal
Total Deformation 2
Type: Total Deformation
Frequency: 7.2626 Hz
Unit: m
2016/5/3 19:25
0.00055783 Ma
0.00049585
0.00043387
0.00037189
0.00030991
0.00024793
0.00018594
0.00012396
6.1981e-5
0 Min
0.000
5.000 (m)
2.500
Z
Y
(2) 第二阶模态
A: Modal
Total Deformation 3
Type: Total Deformation
Frequency: 8.0239 Hz
Unit: m
2016/5/3 19:26
0.0006162 Ma
0.00054774
0.00047927
0.0004108
0.00034234
0.00027387
0.0002054
0.00013693
6.8467e-5
0 Min
0.000
5.000 (m)
2.500
Z
Y
(3) 第三阶模态
A: Modal
Total Deformation 4
Type: Total Deformation
Frequency: 9.8091 Hz
Unit: m
2016/5/3 19:26
0.00060124 Ma
0.00053444
0.00046763
0.00040083
0.00033402
0.00026722
0.00020041
0.00013361
6.6805e-5
0 Min
0.000
5.000 (m)
2.500
Z
Y
(4) 第四阶模态
A: Modal
Total Deformation 5
Type: Total Deformation
Frequency: 20.315 Hz
Unit: m
2016/5/3 19:27
0.00068543 Ma
0.00060927
0.00053311
0.00045695
0.00038079
0.00030463
0.00022848
0.00015232
7.6159e-5
0 Min
0.000
5.000 (m)
2.500
Z
Y
(5) 第五阶模态
A: Modal
Total Deformation 6
Type: Total Deformation
Frequency: 21.548 Hz
Unit: m
2016/5/3 19:27
0.00064653 Ma
0.0005747
0.00050286
0.00043102
0.00035919
0.00028735
0.00021551
0.00014367
7.1837e-5
0 Min
0.000
5.000 (m)
2.500
Z
Y
(6) 第六阶模态

图 6-6 采煤机模态云图

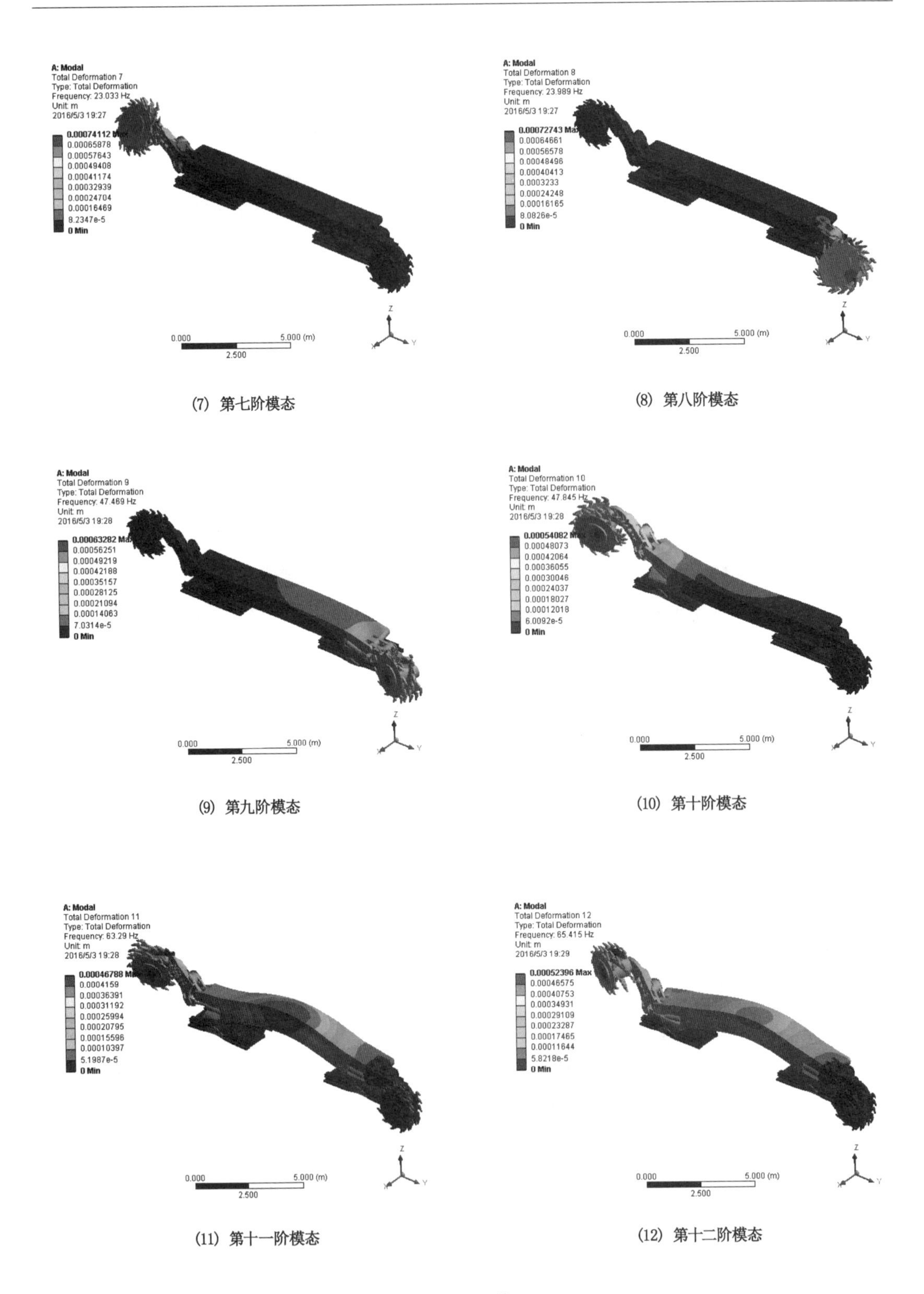

(7) 第七阶模态　(8) 第八阶模态

(9) 第九阶模态　(10) 第十阶模态

(11) 第十一阶模态　(12) 第十二阶模态

图 6-6(续)

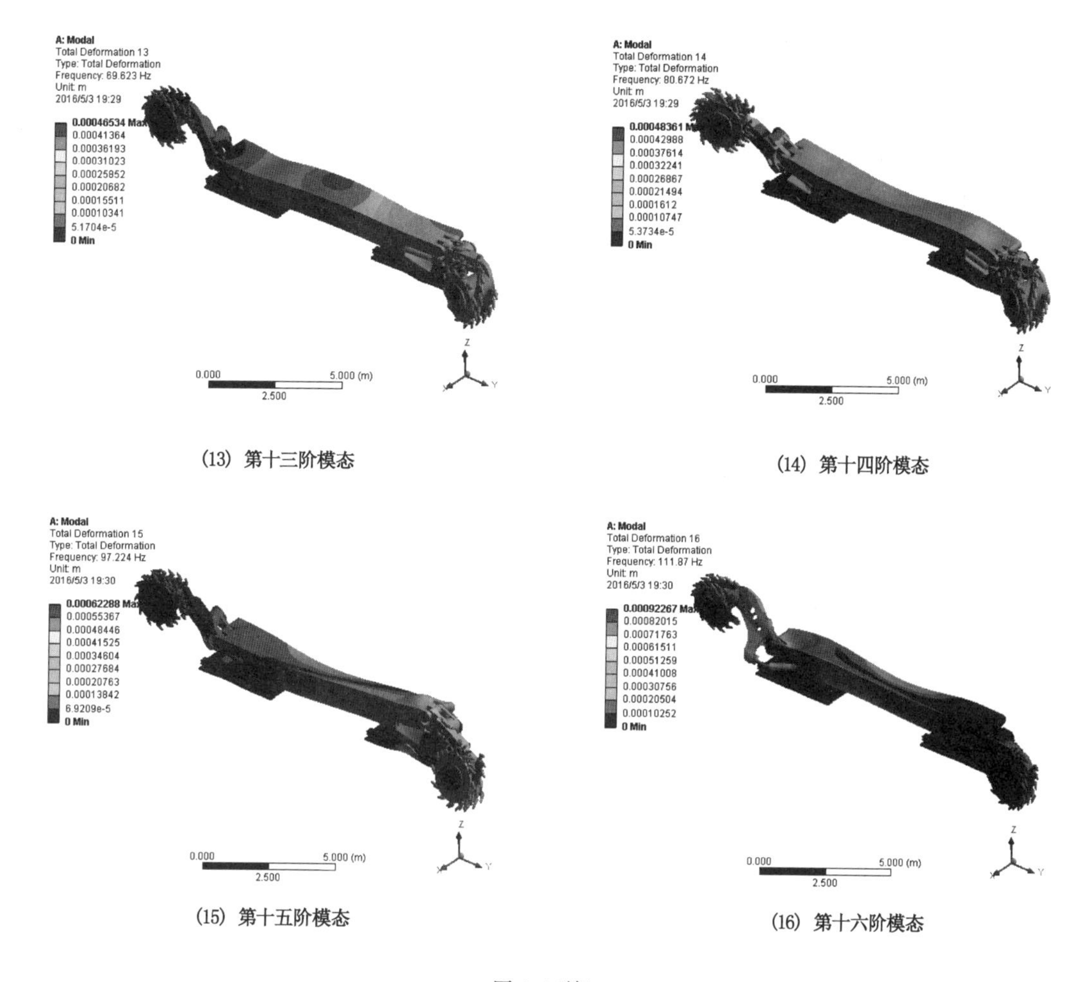

(13) 第十三阶模态　(14) 第十四阶模态

(15) 第十五阶模态　(16) 第十六阶模态

图 6-6(续)

表 6-1　采煤机固有频率表

阶数	1	2	3	4	5	6	7	8
固有频/Hz	6.211 1	7.262 6	8.023 9	9.809 1	20.315	21.548	23.033	23.989
阶数	9	10	11	12	13	14	15	16
固有频/Hz	47.469	47.845	63.29	65.415	69.623	80.672	97.224	111.87

图 6-6(1)为采煤机前截割部在 *Y*-*Z* 平面内绕销轴上下摆动,固有频率为 f_1=6.211 1 Hz,最大变形处位于截割头的外侧,其变形量为 0.51 mm。

图 6-6(2)为采煤机后截割部在 *Y*-*Z* 平面内绕销轴上下摆动,固有频率为 f_2=7.262 6 Hz,最大变形处位于截割头的外侧,其变形量为 0.56 mm。

图 6-6(3)为采煤机前截割部在 *X*-*Y* 平面内绕销轴与行走部接触点左右摆动,固有频率为 f_3=8.023 9 Hz,最大变形处位于截割头的外侧,其变形量为 0.62 mm。

图 6-6(4)为采煤机后截割部在 *X*-*Y* 平面内绕销轴与行走部接触点左右摆动,固有频率为 f_4=9.809 1 Hz,最大变形处位于截割头的外侧,其变形量为 0.60 mm。

图 6-6(5)为采煤机前截割部在 X-Y 平面内绕销轴与行走部接触点扭转，固有频率为 f_5=20.315 Hz，最大变形处位于截割头的外侧，其变形量为 0.69 mm。

图 6-6(6)为采煤机后截割部在 X-Y 平面内绕销轴与行走部接触点扭转，固有频率为 f_6=21.548 Hz，最大变形处位于截割头的外侧，其变形量为 0.65 mm。

图 6-6(7)为采煤机前截割部在 Y-Z 平面内绕销轴与行走部接触点扭转，固有频率为 f_7=23.033 Hz，最大变形处位于截割头的外侧，其变形量为 0.74 mm。

图 6-6(8)为采煤机后截割部在 Y-Z 平面内绕销轴与行走部接触点扭转，固有频率为 f_8=23.989 Hz，最大变形处位于截割头的外侧，其变形量为 0.73 mm。

图 6-6(9)为采煤机后行走部在 Y-Z 平面内绕采煤机滑靴与刮板输送机的触点上下摆动，固有频率为 f_9=47.469 Hz，最大变形处位于截割头的外侧，其变形量为 0.63 mm。

图 6-6(10)为采煤机前行走部在 Y-Z 平面内绕采煤机滑靴与刮板输送机的触点上下摆动，固有频率为 f_{10}=47.845 Hz，最大变形处位于截割头的外侧，其变形量为 0.54 mm。

图 6-6(11)～图 6-6(16)为采煤机机身在三维空间内的摆动、扭转的模态振型，其固有频率分别为 f_{11}=63.29 Hz、f_{12}=65.415 Hz、f_{13}=69.623 Hz、f_{14}=80.672 Hz、f_{15}=97.224 Hz、f_{16}=111.87 Hz。其中第十一阶模态振型到第十四阶模态振型的最大变形处位于机身中间位置，其变形量分别为 0.47 mm、0.52 mm、0.47 mm、0.48 mm。第十一阶模态振型与第十四阶模态振型的最大变形量位于前后调高油缸，其变形量分别为 0.62 mm、0.92 mm。

7　采煤机力学特性实验测试

为了验证本书建立的采煤机整机牵引-摇摆耦合、竖直-俯仰耦合及斜切工况下动力学模型的正确性，在中煤张家口煤矿机械有限责任公司的国家能源采掘装备研发实验中心综采工作面力学检测分析实验平台上，进行了采煤机截割实验与力学检测实验。

7.1　实验平台

国家能源采掘装备研发实验中心建立在中煤张家口煤矿机械装备有限责任公司，占地面积 6 714 m^2，是由中国煤矿机械装备有限责任公司承担的国家能源局研发（实验）中心建设内容之一。其中采煤机综采工作面力学检测分析实验平台由 1∶1 模拟煤壁、滚筒采煤机、刮板输送机、液压支架、装载机、推移油缸以及数据采集系统组成，如图 7-1 所示。

图 7-1　采煤机工作面力学检测分析实验平台

主要的配套设备有，西安煤矿机械有限公司生产的 MG500/1130-WD 型采煤机；中煤张家口煤矿机械有限责任公司生产的 SGZ1000/1050 型刮板输送机；中煤北京煤矿机械有限责任公司生产的 ZY9000/15/28D 支撑掩护式液压支架。具体参数如表 7-1 所示。

表 7-1 设备参数

采煤机		刮板输送机		液压支架	
采高	1.8～3.6m	装机功率	2×525 kW	支护高度	1.5～2.8 m
装机功率	1 130 kW	电压	3 300 V	工作阻力	9 000 kN
电压	3 300 V	设计长度	200 m	初支撑	6 412 kN(P=31.5 MPa)
截割功率	2×500 kW	配套长度	73 m	中心距	1.75 m
牵引功率	2×55 kW	输送能力	2 000 t/h	推移步距	800 mm
牵引速度	0～8.3～13.8 m/min	刮板链速	1.25 m/s	推溜力/拉架力	360/633 kN
调高泵电机	20 kW	中部槽规格	1 750×1 000×340	泵站压力	31.5 MPa
滚筒直径	1.8 m	中部槽连接方式	4 000 kN 哑铃销	控制方式	电液控制
滚筒转速	28 r/min	刮板链规格	ϕ38×137	重量	22 t
		卸载方式	端卸	支架数量	44 架
		紧链方式	液压马达紧链和机尾伸缩辅助紧链		

选用北京必创 BeeData 系统作为实验数据采集系统，主要包括 1∶1 模拟煤壁测试数据采集系统、采煤机关键部件力学测试系统、刮板输送机关键部件力学测试系统、液压支架测试数据采集系统等四大测试采集系统。其数据采集系统关联图谱如图 7-2 所示。

7.1.1 模拟煤壁浇筑

为保证实验测得的数据真实可靠，实验煤壁需要尽可能模拟真实工作面煤层的地质结构和力学性能。由于我国煤矿地质结构复杂多样，各地区煤矿井下工作面煤层的地质结构和力学性能千差万别，而在实验过程中模拟煤壁仅仅只能代表部分煤层的物理特性，无法表现出所有煤层的物理特性。山西大同地区的煤矿作为我国最大优质动力煤的供应基地，其煤层的节理发育较好、杂质少、发热量高、硬度大，在我国各地区的煤层中具有一定的代表性。所以选用山西大同地区的煤层作为实验煤壁的模拟对象。

模拟煤壁以煤为主，辅以水泥、水、减水剂等原料。模拟煤壁所用的煤经过洗选后破碎成 0～50 mm 不等的粒径，细骨料的粒径在 5 mm 以下，粗骨料的粒径选用范围为 5～50 mm，模拟煤壁的水泥选用 PC32.5，强度等级富余系数为 1.05 的复合水泥，将选用的煤、水泥通过水混合，并加入适量的减水剂，配制成实验所需的煤岩试样，如图 7-3(a)所示。为减小与井下煤岩环境的误差，采用逐层浇筑的形式得到模拟煤壁，当第一层浇筑完成，放置一段时间，待煤岩混合物形成坚硬的煤壁后，进行下一层浇筑，以此类推完成整个煤壁的制备。采用每 300 mm 浇筑一层，以保证浇筑后的模拟煤壁具有层理和节理的特性，浇筑完的煤壁如图 7-3(b)所示。为对不同煤岩硬度下采煤机整机的动态响应参数进行采集，在煤岩浇筑的过程中，前 35 m 的煤壁坚固性系数为 $f=3$，后 35 m 的煤壁坚固性系数为 $f=4$，模拟煤壁全长为 70 m，宽度 4 m，高度为 1.5 m。

7.1.2 平台控制系统

如图 7-4 所示，采煤机综采工作面实验平台控制系统主要包括采煤机控制系统、液压支

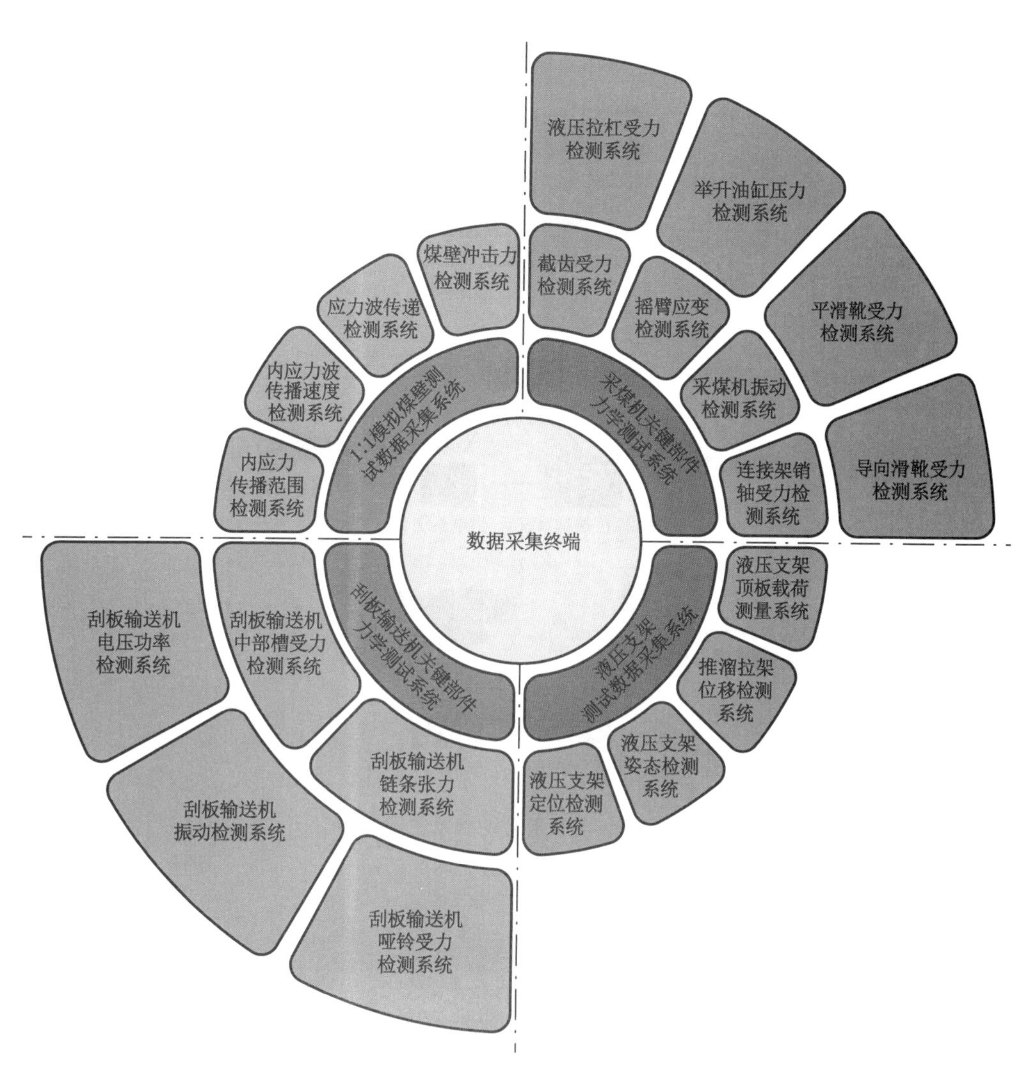

图 7-2　采煤机工作面数据采集系统关联图谱

(a) 煤岩试样

(b) 煤壁

图 7-3　模拟煤壁

架电液控制系统、刮板输送机监控系统、工作面语音通讯调度系统、视频监控系统以及工作面自动化集控中心。

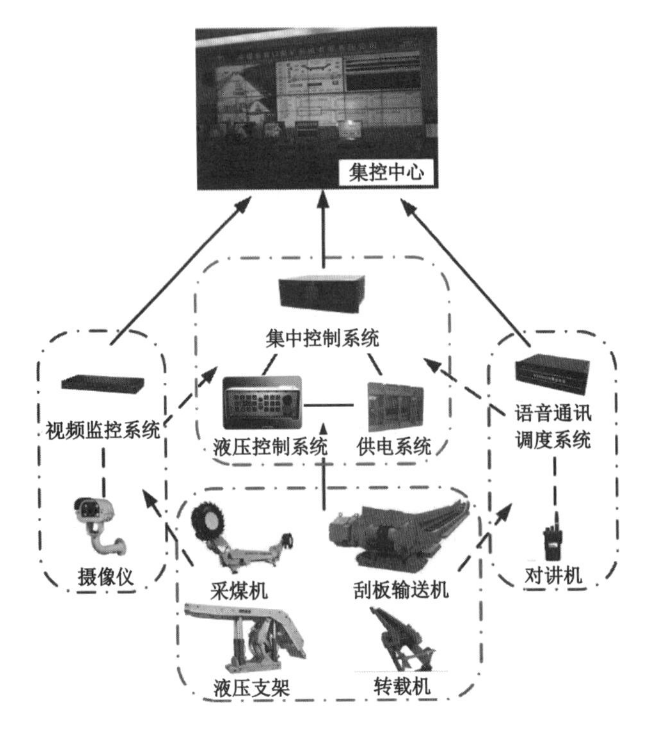

图 7-4　实验平台控制系统示意图

7.1.3　数据传输及可视化系统

采煤机在截煤过程中沿综采工作面水平往复运动，若在实验数据采集传输的过程中采用有线的数据传输模式会导致线路接线繁琐，并且容易断线，造成数据丢失，给整个实验过程带来安全隐患。为保证整个实验过程的安全、顺利以及数据采集的可靠，在整个实验数据采集传输过程中，采用无线数据传输与有线数据传输结合的方式：传感器将采集到的数据通过无线传输方式将数据上传至无线网关，无线网关通过网口有线传输方式，将数据传给终端 PC 机。在采煤机振动检测的数据采集传输过程中，采用北京必创科技股份有限公司研制的 A301 无线加速度传感器（A301 将电源模块、信号采集处理模块、无线收发模块集于一体）、BS922 无线网关，其中无线网关如图 7-5 所示。

在 PC 机上将采集到的数据进行信号放大，并采用中值滤波、均值滤波等方式进行处理，以及运用傅立叶拟合、高斯拟合、指数拟合等多种拟合方法，对检测的数据与标定的数据进行拟合，最后在集控中心界面采用软件图形界面的可视化方法，将传感器采集到的数据以图形的形式显示出来，最后对数据进行保存，以便日后对数据进行分析。图 7-6 为采煤机关键部件测试数据可视化界面，图 7-7 为集控中心界面，采煤机数据采集网络拓扑图如图 7-8 所示。

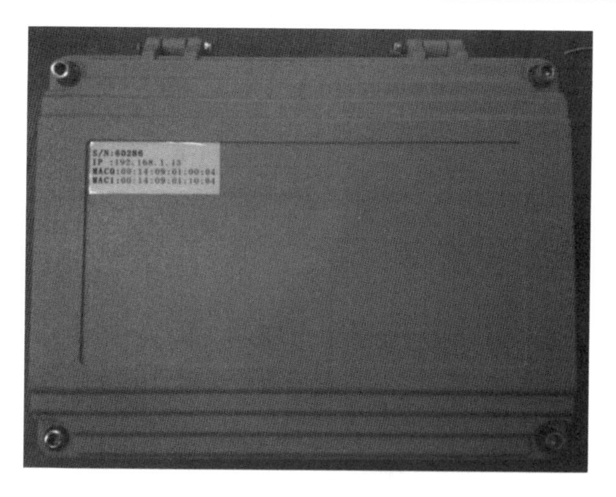

图 7-5　无线网关

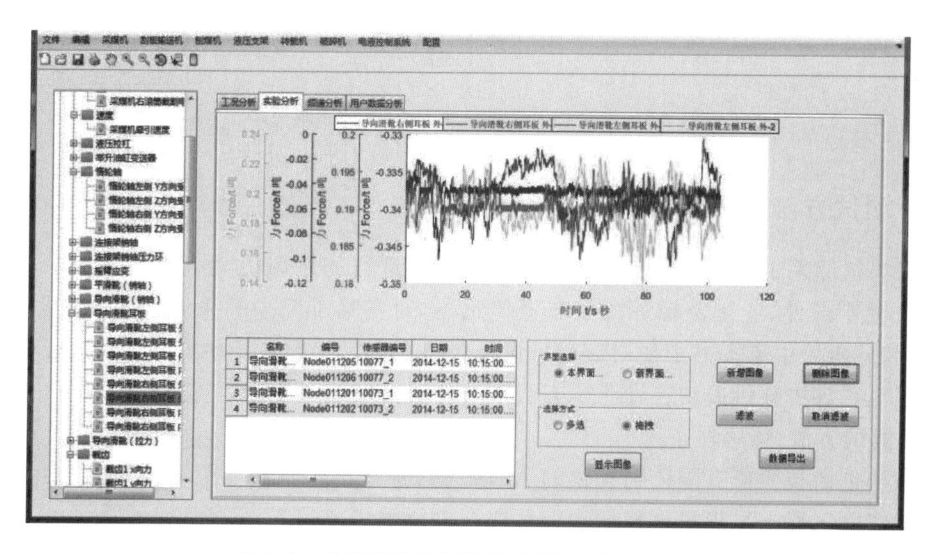

图 7-6　采煤机关键部件测试数据可视化界面

图 7-7　集控中心界面

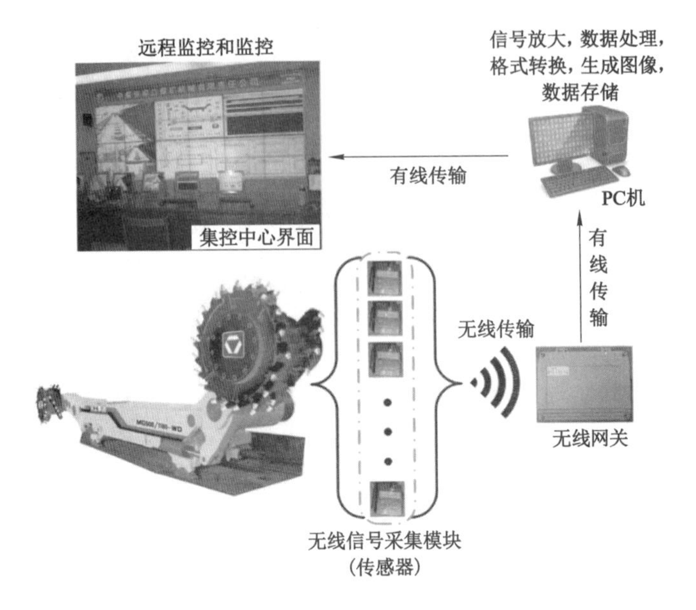

图 7-8　采煤机关键部件数据采集网络拓扑图

7.1.4　测试方法及实验方案

在采煤机综采工作面力学检测分析实验平台上进行的采煤机截煤实验过程中，分别在采煤机关键零部件、连接销轴等位置布置传感器，对实际工况中的采煤机各项数据进行采集、监测和分析。由于本书主要对滚筒采煤机整机在实际工况下的动力学特性进行研究，因此本节仅对采煤机整机振动特性测试方法以及传感器安装布置进行详细介绍。

(1) 测试方法、传感器布置

北京必创科技股份有限公司提供的 A301 无线加速度传感器如图 7-9 所示，采用该型号传感器对实际工况下采煤机整机振动特性数据进行采集。

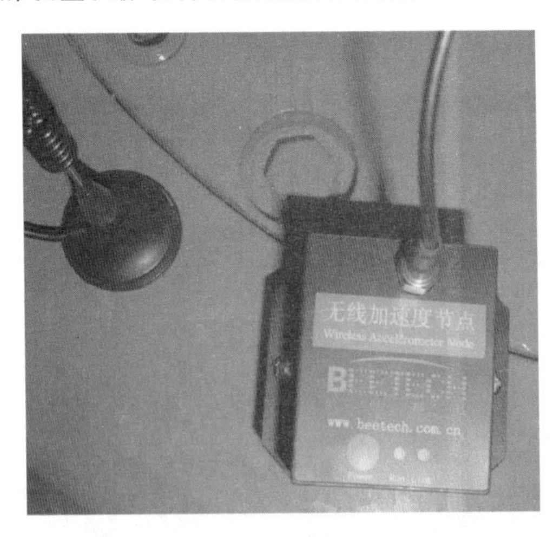

图 7-9　无线加速度节点传感器

在对实际工况下采煤机整机振动特性测量的实验中，一共选用 11 个无线加速度传感器，分别对采煤机前后滚筒、前后摇臂、前后牵引部、前后行走箱、前后支撑部的振动特性进行测量。在传感器安装布置的过程中，应考虑传感器采集的数据准确性并且能真实反映出实际工况下采煤机的振动特性，同时也要考虑到整个采煤机力学测试实验顺利、有效、安全地进行。

在滚筒和摇臂传感器布置中，由于采煤机滚筒传动机构十分复杂，不易实现对截煤过程中滚筒的振动特性的直接测试，因此选择间接测试方法，在摇臂前端安装一个加速度传感器，对采煤机滚筒的动态特性数据进行采集，该位置最接近采煤机滚筒的重心，并且在整个采煤机截煤过程中不受落煤的影响，同时选取摇臂重心的位置安装另一个传感器对摇臂的振动特性进行检测，并进行适当的封装。如图 7-10 所示。

图 7-10　滚筒、摇臂传感器布置

在整个采煤机力学测试实验中，采煤机与刮板输送机会产生相对位移。为避免在实验过程中传感器脱落问题，同时考虑到传感器不受落煤影响，保证采集数据的可靠性，选取靠近采煤机行走箱重心位置布置采集行走箱振动特性的传感器，如图 7-11 所示。该位置最接近采煤机行走箱重心位置，并且传感器和发射天线不受落煤、刮板输送机的挡煤板和销排的影响。同时选取靠近采煤机支撑部重心的位置布置采集支撑部振动特性的传感器，如图 7-12 所示。该位置位于采煤机调高油缸的下方，并且靠近机身的一侧，传感器不受落煤的影响。

图 7-11　行走箱传感器布置

图 7-12　支撑部传感器布置

在牵引部与机身传感器布置中，考虑到牵引部的传感器不受落煤的影响，将采集牵引部振动特性数据的传感器布置在牵引部的垂直于行走方向的一侧，并且靠近牵引部重心的位置，如图 7-13 所示。将采集机身振动特性数据的传感器布置在采煤机机身的上面靠近重心的位置。

图 7-13　牵引部传感器布置

(2)实验方法

在采煤机工作面力学检测分析实验平台上进行采煤机截割模拟煤壁实验，实验工况分别为：采煤机直行截割和采煤机 S 弯截割。

① 采煤机直行截割

采煤机直行截割工况即采煤机沿行走方向直行，并截割煤壁，采煤机直行截割工况示意图如图 7-14 所示，在实验过程中进行五个截割速度，分别为 1.5 m/min、2 m/min、2.5 m/min、3 m/min、3.5 m/min，采集不同牵引速度下采煤机滚筒三向载荷的数据，对滚筒三向载荷公式进行修正，以及采集在 3 m/min 牵引速度下采煤机各部件的时域响应参数，对以上的理论分析进行验证。

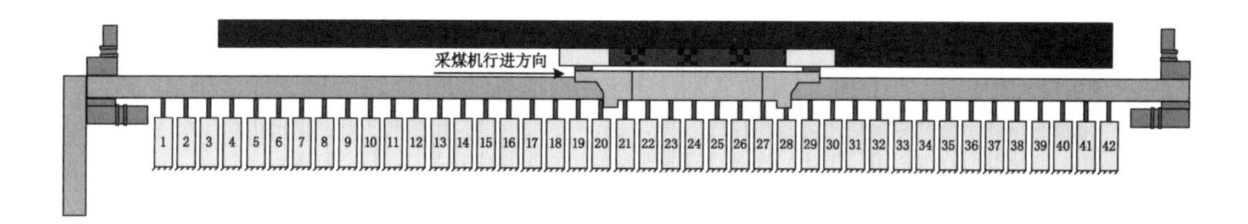

图 7-14 采煤机直行截割工况示意图

② 采煤机 S 弯截割

S 弯截割工况即采煤机在 S 弯上行进且截割煤壁，采煤机 S 弯截割工况示意图如图 7-15 所示。为了对斜切工况下采煤机整机系统动力学特性理论分析进行验证，同时对牵引速度为 3 m/min 下，行走方向与竖直方向采煤机各部件时域响应参数多组数据的采集，因此设置采煤机牵引速度为 3 m/min，S 弯设置在第 25 号液压支架至第 16 号液压支架之间，直至采煤机行驶到工作面的另一端，即图 7-15 所示的最右端，完成实验。最后采煤机向左行进扫底煤，完成后停机。

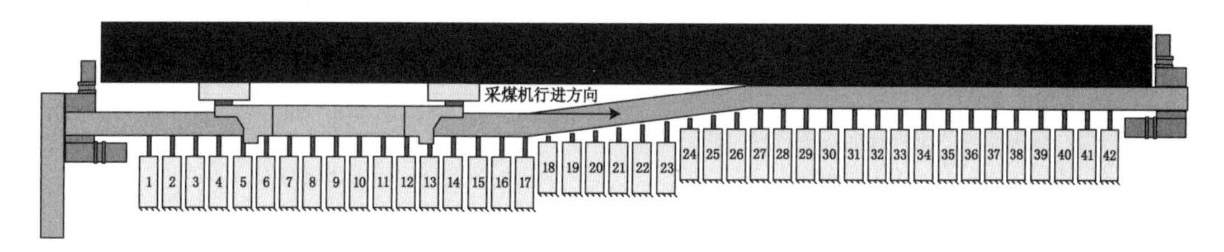

图 7-15 采煤机 S 弯截割工况示意图

7.2 理论与实验对比分析

结合以上理论分析中重点对采煤机行走箱在不同方向和不同工况下的动力学特性分析，并且在采煤机行走箱中存在复杂的齿轮传递系统，以下重点对采煤机前行走箱的理论动力学特性分析进行验证。其中，工况参数为采煤机牵引速度为 3 m/min、煤壁坚固性系数为 $f=3$、开采俯仰角为 0°。

图 7-16～图 7-18 为不同工况和不同方向下的采煤机前摇臂振动加速度实验与仿真曲线，由图可知，由于综采工作面底板不平引起的采煤机导向滑靴与刮板输送机销排之间的间隙错位、导向滑靴内侧与销排两侧面之间的间隙、采煤机滚筒三向载荷变动等原因，使采煤机行走箱的加速度曲线产生了较大的波动。表 7-2 为采煤机行走箱在不同方向和斜切工况下振动加速度的实验平均值与仿真平均值。可以看出，实验条件下采煤机行走箱的振动加速度大于理论分析中获得的行走箱振动加速度，并且理论值与实验值相差不大，误差均在 10%以下。

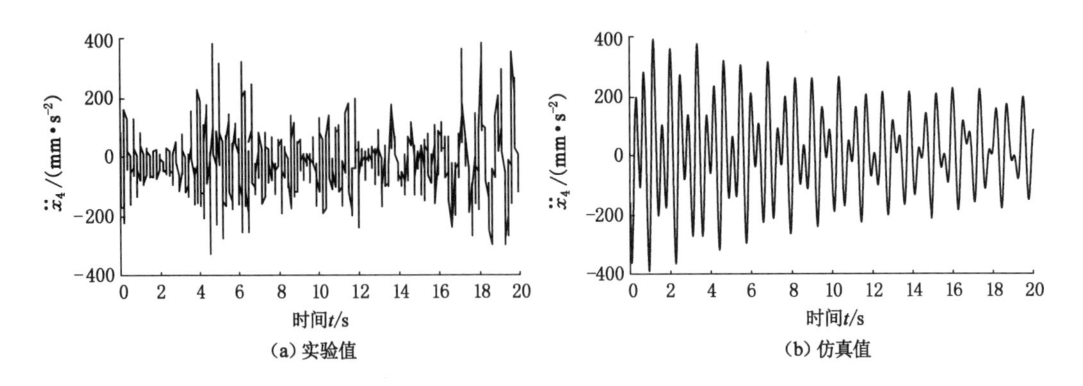

图 7-16　牵引方向行走箱振动位移

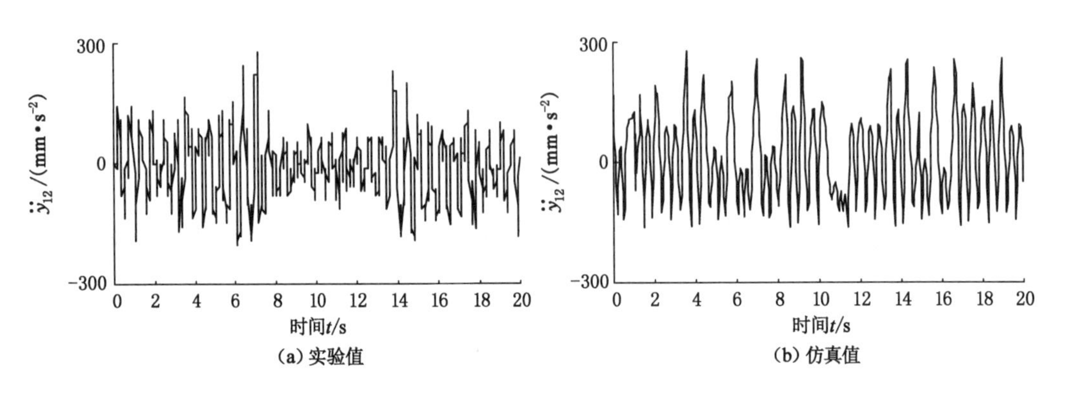

图 7-17　竖直方向行走箱振动位移

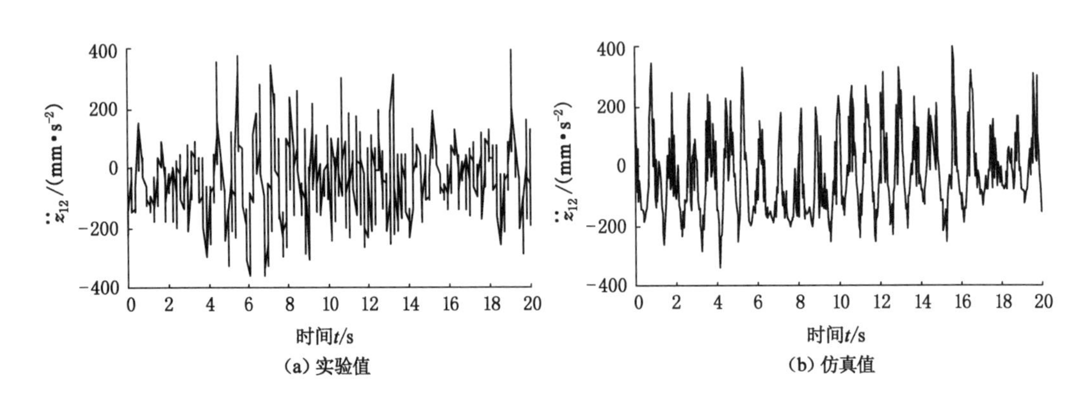

图 7-18　斜切工况下行走箱振动位移

表 7-2　行走箱振动加速度理论值与实验值

平均值/(mm/s^2)	$\ddot{x}_4$	$\ddot{y}_{12}$	$\ddot{z}_{12}$
理论值	−0.171	−0.120	−0.154
实验值	−0.185	−0.132	−0.167
相对误差	7.57%	9.10%	7.78%

图 7-19～图 7-21 为采煤机前侧行走箱在不同方向、斜切工况下的实验与仿真的频率谱图。表 7-3 为采煤机前侧行走箱的振动频率的理论值与实验值。由于在理论分析中未考虑采煤机在实际工作过程中，液压系统、电气系统以及环境等其他因素对采煤机整机的动态特性的影响，从图中可以看出，实验获得行走箱在不同不同方向和斜切工况下的振动频谱图中夹杂的其他振动频率要比理论计算得到的多。从表 7-3 中可以看出，通过理论计算得到的采煤机前侧行走箱在不同方向和斜切工况下的振动频率值要大于通过实验获得的振动频率，误差分别为 5.88%，3.95%，4.93%。

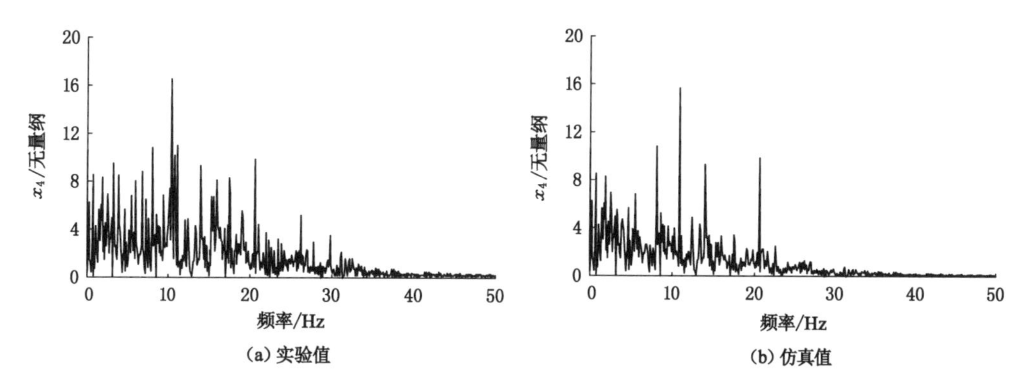

(a) 实验值　　(b) 仿真值

图 7-19　牵引方向行走箱振动频率谱图

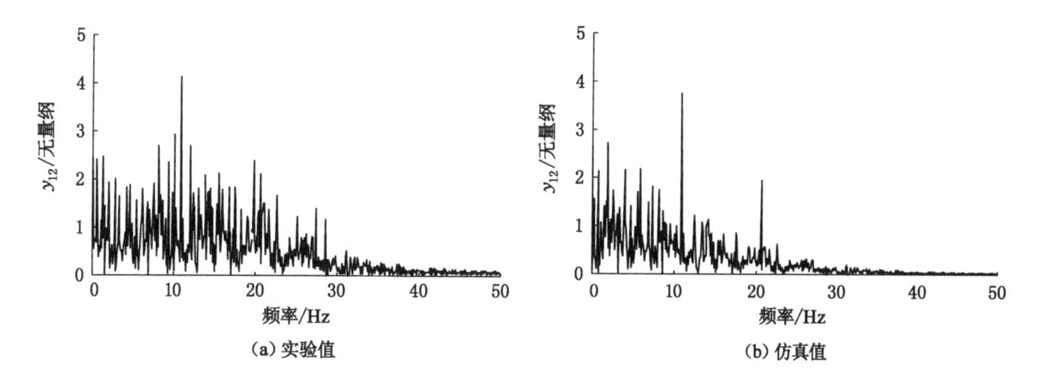

(a) 实验值　　(b) 仿真值

图 7-20　竖直方向行走箱振动频率谱图

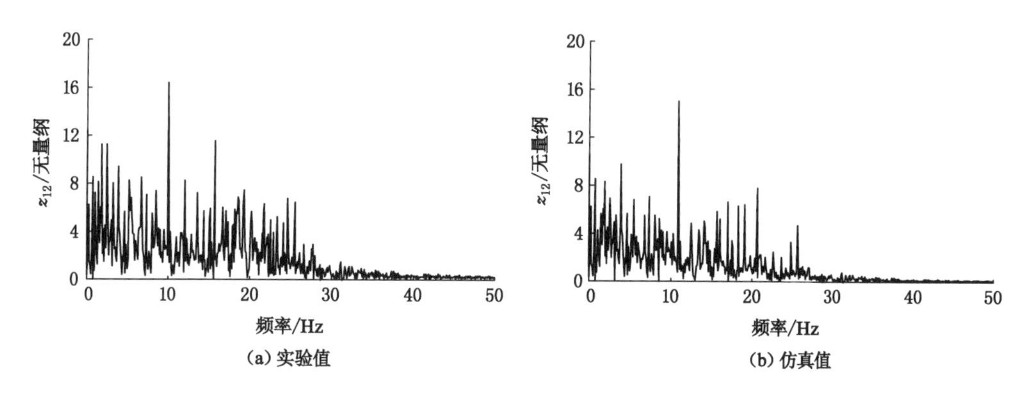

(a) 实验值　　(b) 仿真值

图 7-21　斜切工况行走箱振动频率谱图

表 7-3　行走箱振动频率理论值与实验值

频率/Hz	x_4	y_{12}	z_{12}
理论值	11.89	11.06	12.14
实验值	11.23	10.64	11.57
相对误差	5.88%	3.95%	4.93%

基于以上的对比分析方法，将采煤机前滚筒、摇臂、牵引部、支撑部、行走箱以及机身在不同工况参数下、不同方向和斜切工况下，通过理论计算与实验获得的振动位移进行对比分析，如表 7-4～表 7-6 所示。由于表 7-4 和表 7-5 中已包含当煤壁坚固性系数为 $f=3$ 时的采煤机各部分振动位移的理论计算值和实验值，因此在表 7-3 中只对煤壁坚固性系数为 $f=4$ 时采煤机各部分在不同方向上振动位移的理论计算值和实验室进行对比分析。

表 7-4　不同牵引速度采煤机关键零部件牵引方向振动位移理论值与实验值

牵引速度 m/min		1.5	相对误差	2	相对误差	2.5	相对误差	3	相对误差	3.5	相对误差
前牵引部/mm	理论值	1.87	3.61%	2.11	8.66%	2.21	7.53%	3.14	3.98%	3.47	1.14%
	实验值	1.94		2.31		2.39		3.27		3.51	
前行走箱/mm	理论值	2.13	7.93%	2.27	7.72%	4.26	8.97%	5.83	3.00%	5.94	6.16%
	实验值	2.30		2.46		4.68		6.01		6.33	
前支撑部/mm	理论值	1.97	9.63%	2.16	7.69%	2.14	9.70%	3.25	4.97%	4.22	3.43%
	实验值	2.18		2.34		2.37		3.42		4.37	
机身/mm	理论值	0.24	4.00%	0.35	10.26%	0.38	5.00%	1.07	3.60%	1.26	8.70%
	实验值	0.25		0.39		0.40		1.11		1.38	

表 7-5　不同牵引速度采煤机关键零部件竖直方向振动位移理论值与实验值

牵引速度 m/min		1.5	相对误差	2	相对误差	2.5	相对误差	3	相对误差	3.5	相对误差
前摇臂/mm	理论值	2.07	2.82%	2.73	3.87%	3.17	2.16%	4.26	2.52%	5.70	2.23%
	实验值	2.13		2.84		3.24		4.37		5.83	
前牵引部/mm	理论值	0.11	15.40%	0.26	7.14%	0.40	13.04%	1.67	6.18%	2.01	4.29%
	实验值	0.13		0.28		0.46		1.78		2.10	
前行走箱/mm	理论值	0.30	9.10%	0.41	8.89%	1.35	4.26%	2.29	1.72%	2.37	2.07%
	实验值	0.33		0.45		1.41		2.33		2.42	
前支撑部/mm	理论值	0.30	3.26%	0.30	9.10%	0.32	3.03%	0.33	2.94%	0.35	5.41%
	实验值	0.31		0.33		0.33		0.34		0.37	
机身/mm	理论值	0.07	12.5%	0.10	10.00%	−0.18	5.88%	0.03	0	0.03	0
	实验值	0.08		0.11		−0.17		0.03		0.03	

表 7-6 不煤岩硬度采煤机各部分振动位移理论值与实验值

煤壁坚固性系数 $f=4$	牵引方向			竖直方向		
	理论值	实验值	相对误差	理论值	实验值	相对误差
前牵引部/mm	4.51	4.72	4.45%	3.22	3.51	8.26%
前行走箱/mm	7.12	7.87	9.53%	2.36	2.47	3.17%
前支撑部/mm	5.42	5.96	9.06%	1.87	2.02	7.43%
机身/mm	3.31	3.46	4.34%	0.98	1.05	6.67%

从表 7-5～表 7-6 中可以看出，在不同工况参数下的采煤机各部分的振动位移均值的实验值都大于理论分析值，但相对误差都在 10%左右。

误差分析：① 在理论分析中，没有考虑相邻中部槽在高度上的误差；② 理论分析中，未考虑采煤机截割部齿轮传动系统和行走箱齿轮传动系统的振动对整机振动的影响；③ 理论分析中，未考虑采煤机滑靴下的煤矸对整机振动的影响；④ 理论分析中，采用采煤机的设计尺寸进行分析，不是采煤机实际尺寸，未考虑采煤机整机在装配过程中装配误差对设计尺寸的影响；⑤ 理论分析中，未考虑采煤机的电气系统和液压系统的振动对整机振动的影响。

参 考 文 献

[1] 中华人民共和国国家统计局:2017 年 12 月份能源生产情况[EB/OL].(2018-01-18)[2018-01-20].

[2] 谢和平,周宏伟,薛东杰,等.煤炭深部开采与极限开采深度的研究与思考[J].煤炭学报,2012,37(4):535-542.

[3] 张强,王海舰,李立莹,等.基于多传感特征信息融合的采煤机截齿失效诊断[J].中国机械工程,2016,27(17):2334-2340.

[4] DION J L,LE MOYNE S,CHEVALLIER G,et al. Gear impacts and idle gear noise: experimental study and non-linear dynamic model[J]. Mechanical Systems and Signal Processing,2009,23(8):2608-2628.

[5] OTTEWILL J R,NEILD S A,WILSON R E. An investigation into the effect of tooth profile errors on gear rattle[J]. Journal of Sound and Vibration,2010,329(17):3495-3506.

[6] CHOY F K,RUAN Y F,TU R K,et al. Modal analysis of multistage gear systems coupled with gearbox vibrations[J]. Journal of Mechanical Design,1992,114(3):486-497.

[7] YANG T F,YAN S Z,HAN Z Y. Nonlinear model of space manipulator joint considering time-variant stiffness and backlash[J]. Journal of Sound Vibration,2015,341:246-259.

[8] YANG T F,YAN S Z,MA W,et al. Joint dynamic analysis of space manipulator with planetary gear train transmission[J]. Robotica,2016,34(5):1042-1058.

[9] HAN Q K,ZHAO J S,CHU F L. Dynamic analysis of a geared rotor system considering a slant crack on the shaft[J]. Journal of Sound Vibration,2012,331(26):5803-5823.

[10] BESHARATI S R,DABBAGH V,AMINI H,et al. Nonlinear dynamic analysis of a new antibacklash gear mechanism design for reducing dynamic transmission error[J]. Journal of Mechanical Design,2015,137(5):054502.

[11] OUYANG T,CHEN N N,WANG J X,et al. Dynamic analysis of offset press gear-cylinder-bearing system applying finite element method [J]. Journal of Vibroengineering,2015,17:1748-1759.

[12] FARGÈRE R,VELEX P. Influence of clearances and thermal effects on the dynamic behavior of gear-hydrodynamic journal bearing systems[J]. Journal of Vibration and Acoustics,2013,135(6):061014.

[13] KAHRAMAN A. Free torsional vibration characteristics of compound planetary gear sets[J]. Mechanism and Machine Theory,2001,36(8):953-971.

[14] GUO Y C,PARKER R G. Purely rotational model and vibration modes of compound planetary gears[J]. Mechanism and Machine Theory,2010,45(3):365-377.

[15] GUO Y C,PARKER R G. Sensitivity of general compound planetary gear natural frequencies and vibration modes to model parameters[J]. Journal of Vibration and Acoustics,2010,132(1):132(1):1-13.

[16] GUO Y C,PARKER R G. Analytical determination of mesh phase relations in general compound planetary gears[J]. Mechanism and Machine Theory, 2011, 16(12): 1869-1887.

[17] KIRACOFE D R,PARKER R G. Structured vibration modes of general compound planetary gear systems[J]. Journal of Vibration and Acoustics,2007,129(1):1-16.

[18] TSUTA T. Excitation force analysis of helical gear-pair with tolerance in their tooth shape and pitch on shaft[C] //JSME International conference on Motion and power Transmission Japan,1991:72-77.

[19] HSI LIN H,OSWALD F B,TOWNSEND D P. Dynamic loading of spur gears with linear or parabolic tooth profile modifications[J]. Mechanism and Machine Theory, 1994,29(8):1115-1129.

[20] HU Z H,TANG J Y,CHEN S Y,et al. Effect of mesh stiffness on the dynamic response of face gear transmission system[J]. Journal of Mechanical Design,2013,135(7):071005.

[21] HU Z H,TANG J Y,CHEN S Y,et al. Coupled translation-rotation vibration and dynamic analysis of face geared rotor system[J]. Journal of Sound and Vibration, 2015,351:282-298.

[22] 黄晓冬,袁银男,欧阳天成,等.多级平行轴滚筒齿轮数学建模及动力学分析[J].东南大学学报(自然科学版),2018,48(4):605-612.

[23] 李国彦,李方义,刘浩华,等.含裂纹复合两级行星轮系振动特性研究[J].振动工程学报,2018,31(3):500-512.

[24] 杨柳,李强,杨绍普,等.机车传动系统振动分析[J].机械工程学报,2018,54(12):102-108.

[25] 杨柳,李强,杨绍普,等.机车传动系统故障特性分析[J].振动与冲击,2018,37(22):75-80.

[26] 李春明,王成,杜明刚,等.考虑轮辐刚度和齿廓修形的渐开线直齿轮动载荷研究[J].兵工学报,2018,39(6):1239-1248.

[27] 冯光烁,黄旭东,兰旭东,等.面齿轮副扭转振动建模与分析[J].清华大学学报(自然科学版),2018,58(10):888-898.

[28] 耿智博,肖科,王家序,等.汽车变速器齿轮传动系统动态特性研究及优化[J].湖南大学学报(自然科学版),2018,45(8):22-31.

[29] 王逸龙,曹登庆,杨洋,等.新型阻尼环对转子-齿轮传动系统弯扭耦合振动的减振研究

[J]. 振动与冲击,2018,37(22):22-29.

[30] 任红军,张昊,于晓光,等. 五平行轴压缩机齿轮系统非线性动力学特性研究[J]. 机械工程学报,2017,53(23):39-45.

[31] 欧阳天成,黄豪中,王攀,等. 胶印机齿轮传动系统动力学建模及优化设计[J]. 东南大学学报(自然科学版),2016,46(6):1172-1178.

[32] 罗自荣,杨政,尚建忠,等. 含轴间距误差的消隙齿轮刚柔耦合动力学仿真[J]. 国防科技大学学报,2016,38(5):170-175.

[33] 刘彦雪,王建军,张涛. 基于 LS-DYNA 直齿轮动态啮合特性分析[J]. 北京航空航天大学学报,2016,42(10):2206-2213.

[34] 张玲玉,徐颖强,许璠,等. 含齿根裂纹的非标齿轮啮合刚度改进算法及动态响应分析[J]. 西北工业大学学报,2015,33(6):956-961.

[35] 白恩军,谢里阳,佟安时,等. 考虑齿轮轴变形的斜齿轮接触分析[J]. 兵工学报,2015,36(10):1975-1981.

[36] 张慧博,王然,陈子坤,等. 考虑多间隙耦合关系的齿轮系统非线性动力学分析[J]. 振动与冲击,2015,34(8):144-150.

[37] 苟向锋,祁常君,陈代林. 考虑齿面接触温度的齿轮系统非线性动力学建模及分析[J]. 机械工程学报,2015,51(11):71-77.

[38] 冯海生,王黎钦,郑德志,等. 考虑变工况冲击的齿轮动态啮合力分析[J]. 振动. 测试与诊断,2015,35(02):212-217+394.

[39] 马辉,逄旭,宋溶泽,等. 基于改进能量法的直齿轮时变啮合刚度计算[J]. 东北大学学报(自然科学版),2014,35(6):863-866.

[40] 王靖岳,郭立新,王浩天. 随机参数激励下齿轮系统的分岔与稳定性[J]. 华南理工大学学报(自然科学版),2013,41(11):73-78.

[41] 常乐浩,刘更,郑雅萍,等. 一种基于有限元法和弹性接触理论的齿轮啮合刚度改进算法[J]. 航空动力学报,2014,29(3):682-688.

[42] 张义民,杨健,胡鹏,等. 考虑变位系数的直齿轮啮合特性分析[J]. 东北大学学报(自然科学版),2013,34(9):1287-1291.

[43] 王成,高常青,崔焕勇. 基于啮合特性的人字齿轮动力学建模与分析[J]. 中南大学学报(自然科学版),2012,43(8):3019-3024.

[44] 符升平,项昌乐,姚寿文,等. 基于刚柔耦合动力学的齿轮传动系统动态特性[J]. 吉林大学学报(工学版),2011,41(2):382-386.

[45] 黄中华,张晓建,周玉军. 渐开线齿轮啮合碰撞力仿真[J]. 中南大学学报(自然科学版),2011,42(2):379-383.

[46] REN Y,BEARDS C F. Identification of 'Effective' linear joints using coupling and joint identification techniques[J]. Journal of Vibration and Acoustics,1998,120(2):331-338.

[47] IBRAHIM R A,PETTIT C L. Uncertainties and dynamic problems of bolted joints and other fasteners[J]. Journal of Sound Vibration,2005,279(3/4/5):857-936.

[48] NAMAZI M,ALTINTAS Y,ABE T,et al. Modeling and identification of tool holder-

spindle interface dynamics [J]. International Journal of Machine Tools and Manufacture,2007,47(9):1333-1341.

[49] MOVAHHEDY M R,GERAMI J M. Prediction of spindle dynamics in milling by sub-structure coupling[J]. International Journal of Machine Tools and Manufacture, 2006,46(3/4):243-251.

[50] BUDAK E,ERTÜRK A,ÖZGÜVEN H N. A modeling approach for analysis and improvement of spindle-holder-tool assembly dynamics[J]. CIRP Annals,2006,55(1):369-372.

[51] ÖZŞAHIN O,ERTÜRK A,ÖZGÜVEN H N,et al. A closed-form approach for identification of dynamical contact parameters in spindle-holder-tool assemblies[J]. International Journal of Machine Tools and Manufacture,2009,49(1):25-35.

[52] ZHANG J. Receptance coupling for tool point dynamics prediction on machine tools [J]. Chinese Journal of Mechanical Engineering,2011,24(3):340.

[53] PARK S S,ALTINTAS Y,MOVAHHEDY M. Receptance coupling for end Mills [J]. International Journal of Machine Tools and Manufacture,2003,43(9):889-896.

[54] SCHMITZ T L,POWELL K,WON D,et al. Shrink fit tool holder connection stiffness/damping modeling for frequency response prediction in milling [J]. International Journal of Machine Tools and Manufacture,2007,47(9):1368-1380.

[55] YANG T,FAN S H,LIN C S. Joint stiffness identification using FRF measurements [J]. Computers & Structures,2003,81(28/29):2549-2556.

[56] DHUPIA J S,POWALKA B,ULSOY A G,et al. Effect of a nonlinear joint on the dynamic performance of a machine tool[J]. Journal of Manufacturing Science and Engineering,2007,129(5):943-950.

[57] FENG G H,PAN Y L. Investigation of ball screw preload variation based on dynamic modeling of a preload adjustable feed-drive system and spectrum analysis of ball-nuts sensed vibration signals[J]. International Journal of Machine Tools and Manufacture, 2012,52(1):85-96.

[58] YUAN LIN C,PIN HUNG J,LIANG LO T. Effect of preload of linear guides on dynamic characteristics of a vertical column-spindle system[J]. International Journal of Machine Tools and Manufacture,2010,50(8):741-746.

[59] 李玲,蔡安江,蔡力钢,等. 基于Bouc-Wen模型辨识结合面动态特性研究[J]. 振动与冲击,2013,32(20):139-144.

[60] 汪振华,袁军堂,胡小秋,等. 基于模态振型的固定结合面动态特性参数测试[J]. 南京理工大学学报,2012,36(05):779-784.

[61] 高相胜,张以都,张洪伟. 主轴—刀柄结合面刚度建模方法[J]. 计算机集成制造系统,2013,19(1):61-66.

[62] 程序,史金飞,张思. 加工中心机床滚珠丝杠结合面的动态特性[J]. 中国机械工程,1994(01):29-31+78.

[63] 李磊,张建润,刘洪伟. 直线滚动导轨副动态特性分析[J]. 振动与冲击,2012,31(18):

111-114.

[64] 李小彭,赵光辉,杨皓天,等.考虑结合面影响的组合梁非线性预应力模态分析[J].振动与冲击,2014,33(4):17-21.

[65] 刘海涛,王磊,赵万华.考虑模态特性的高速机床进给系统刚度匹配研究[J].西安交通大学学报,2014,48(1):90-95.

[66] 王立华,罗建平,刘泓滨,等.铣床关键结合面动态特性研究[J].振动与冲击,2008,27(8):125-129.

[67] 许丹,刘强,袁松梅,等.一种龙门式加工中心横梁的动力学仿真研究[J].振动与冲击,2008,27(2):168-171.

[68] 曹宏瑞,何正嘉.机床-主轴耦合系统动力学建模与模型修正[J].机械工程学报,2012,48(3):88-94.

[69] MI L,YIN G F,SUN M N,et al. Effects of preloads on joints on dynamic stiffness of a whole machine tool structure[J]. Journal of Mechanical Science and Technology,2012,26(2):495-508.

[70] HUNG J P,LAI Y L,LIN C Y,et al. Modeling the machining stability of a vertical milling machine under the influence of the preloaded linear guide[J]. International Journal of Machine Tools and Manufacture,2011,51(9):731-739.

[71] CAO Y Z,ALTINTAS Y. Modeling of spindle-bearing and machine tool systems for virtual simulation of milling operations[J]. International Journal of Machine Tools and Manufacture,2007,47(9):1342-1350.

[72] HUO J Z,OUYANG X Y,ZHANG X,et al. The influence of front support on vibration behaviors of TBM cutterhead under impact heavy loads[J]. Applied Mechanics and Materials,2014,541/542:641-644.

[73] ZHU L D,SU P C,LI G,et al. Dynamic analysis of cutter head system in tunnel boring machine[J]. Advanced Materials Research,2011,186:51-55.

[74] SUN W,LING J X,HUO J Z,et al. Dynamic characteristics study with multidegree-of-freedom coupling in TBM cutterhead system based on complex factors[J]. Mathematical Problems in Engineering,2013,2013:635809.

[75] LI X H,YU H B,YUAN M Z,et al. Dynamic modeling and analysis of shield TBM cutterhead driving system[J]. Journal of Dynamic Systems, Measurement, and Control,2010,132(4):1.

[76] ZHANG K Z,YU H D,LIU Z P,et al. Dynamic characteristic analysis of TBM tunnelling in mixed-face conditions[J]. Simulation Modelling Practice and Theory,2010,18(7):1019-1031.

[77] 郑永光,杨姝.典型地层下TBM滚刀刀座系统振动特性实验研究[J/OL].工程设计学报,2024,02(27):1-6.

[78] PARK H W,BIN PARK Y,LIANG S Y. Multi-procedure design optimization and analysis of mesoscale machine tools[J]. The International Journal of Advanced Manufacturing Technology,2011,56(1):1-12.

[79] HUO D H, CHENG K, WARDLE F. Design of a five-axis ultra-precision micro-milling machine—UltraMill. Part 1: holistic design approach, design considerations and specifications [J]. The International Journal of Advanced Manufacturing Technology, 2010, 47(9): 867-877.

[80] 王禹林，吴晓枫，冯虎田. 基于结合面的大型螺纹磨床整机静动态特性优化[J]. 振动与冲击，2012，31(20)：147-152.

[81] 刘海涛，赵万华. 基于结合面的机床摄动分析及优化设计[J]. 西安交通大学学报，2010，44(1)：96-99.

[82] 刘海涛，赵万华. 基于广义加工空间概念的机床动态特性分析[J]. 机械工程学报，2010，46(21)：54-60.

[83] 张广鹏，史文浩，黄玉美，等. 机床整机动态特性的预测解析建模方法[J]. 上海交通大学学报，2001，35(12)：1834-1837.

[84] 刘阳，李景奎，朱春霞，蔡光起. 直线滚动导轨结合面参数对数控机床动态特性的影响[J]. 东北大学学报，2006(12)：1369-1372.

[85] 凌静秀，孙伟，霍军周，等. TBM 刀盘系统动态特性及参数影响[J]. 哈尔滨工程大学学报，2016，37(4)：598-602.

[86] 凌静秀，孙伟，杨晓静，等. 多点分布载荷下 TBM 刀盘系统振动响应分析[J]. 工程设计学报，2017，24(3)：317-322.

[87] 唐国文，余海东，谢启江. 不确定性地质参数下硬岩掘进机动态特性与评价[J]. 上海交通大学学报，2016，50(11)：1670-1675.

[88] 关佳亮，朱磊，孙鲁青，等. 大直径菲涅尔透镜模具加工机床静动态特性[J]. 北京工业大学学报，2015，41(11)：1675-1680.

[89] 何勇攀，陈玉春，于守志，等. 固体火箭冲压发动机燃气发生器动态特性影响分析[J]. 航空动力学报，2017，32(1)：227-232.

[90] 张东升，毛君，刘占胜. 刮板输送机启动及制动动力学特性仿真与实验研究[J]. 煤炭学报，2016，41(2)：513-521.

[91] 毛君，杨辛未，陈洪月，等. 刮板输送机的动态特性分析[J]. 机械设计，2018，35(6)：47-53.

[92] 毛君，谢春雪，孙九猛，等. 故障载荷下刮板输送机动力学特性研究[J]. 机械强度，2016，38(6)：1156-1160.

[93] 毛君，王鑫，陈洪月，等. 刮板输送机刮板链条体系扭摆动态特性研究[J]. 机械强度，2018，40(4)：978-982.

[94] 陈无畏，邓书朝，黄鹤，等. 基于模态匹配的车架动态特性优化[J]. 汽车工程，2016，38(12)：1488-1493.

[95] 邓聪颖，刘蕴，殷国富，等. 基于响应面方法的数控机床空间动态特性研究[J]. 工程科学与技术，2017，49(4)：211-218.

[96] 王勇，李舜酩，程春. 基于准零刚度隔振器的车－座椅－人耦合模型动态特性研究[J]. 振动与冲击，2016，35(15)：190-196.

[97] 谢春雪，刘治翔，毛君，等. 卡链工况下刮板输送机扭摆振动特性分析[J]. 煤炭学报，

2018,43(8):2348-2354.
[98] 麻小明,刘馨心,徐宏斌,等.履带式车载武器行进间发射动力学研究[J/OL].弹箭与制导学报,2019:1-5.(2019-01-07).https://kns.cnki.net/kcms/detail/61.1234.TJ.20190103.1711.006.html.
[99] 刘媛媛,张氢,秦仙蓉,等.起升动载激励下岸桥起升传动系统动态特性[J].东北大学学报(自然科学版),2016,37(4):543-548.
[100] 殷超,张建润,孙志刚,等.摊铺机熨平板动态特性分析与测试[J].东南大学学报(自然科学版),2016,46(6):1179-1185.
[101] 孟凡刚,巫世晶,张增磊,等.特高压断路器传动机构动态特性分析[J].中南大学学报(自然科学版),2016,47(5):1519-1526.
[102] 崔振新,曹义华.直升机重装空投状态下的动态特性[J].航空动力学报,2019,34(2):451-459.
[103] 谢苗,毛君,许文馨.重型刮板输送机故障载荷工况与结构载荷工况的动力学仿真研究[J].中国机械工程,2012,23(10):1200-1204.
[104] YANG D L,LI J P,WANG Y X,et al. Analysis on vertical steering vibration of drum shearer cutting part[J]. Journal of Central South University,2018,25(11):2722-2732.
[105] LIU C Z,QIN D T,LIAO Y H. Electromechanical dynamic analysis for the drum driving system of the long-wall shearer[J]. Advances in Mechanical Engineering,2015,7(10):168781401559869.
[106] SHU R Z,LIU Z J,LIU C Z,et al. Load sharing characteristic analysis of short driving system in the long-wall shearer[J]. Journal of Vibroengineering,2015,17:3572-3585.
[107] DOLIPSKI M,JASZCZUK M,CHELUSZKA P,et al. Dynamic model of a shearer's cutting system[C]. //Panagiotou, GN, Michalakopoulos, TN. Mine Planning and Equipment Selection 2000. Athens, Greece: A. A. Balkema Publishers, 2000: 541-546.
[107] DOLIPSKI M,JASZCZUK M,CHELUSZKA P,et al. Dynamic model of a shearer's cutting system[M] //PANAGIOTOU G N, MICHALAKOPOULOS T N, eds. Mine Planning and Equipment Selection,2000:541-546.
[108] DOLIPSKI M,JASZCZUK M,CHELUSZKA P,et al. Computer-aided determination of dynamic loads in a longwall shearer's cutting system[C]. Beijing, China: Shers,2001.
[108] DOLIPSKI M,JASZCZUK M,CHELUSZKA P,et al. Computer-aided determination of dynamic loads in a longwall shearer's cutting system[M]. Computer Applications in the Mineral Industries. Leiden:CRC Press,2020。
[109] 杨阳,马鹏程,秦大同,崔维隆.采煤机变速截割传动系统动力学特性分析[J].煤炭学报,2016,41(S2):548-555.
[110] 杨阳,袁瑷辉,李国伟.基于周期性激励的采煤机机电液截割传动系统特性分析[J].

振动与冲击,2018,37(3):217-222.
[111] 杨阳,米玉泉,李明,等.多源驱动的采煤机短程截割传动系统固有特性分析[J].煤炭学报,2018,43(11):3232-3239.
[112] 刘长钊,秦大同,廖映华.采煤机截割部机电传动系统动力学特性分析[J].机械工程学报,2016,52(7):14-22.
[113] 贾涵杰,秦大同,刘长钊.采煤机截割传动系统耦合动力学建模与传动齿轮啮合状态分析[J].振动与冲击,2017,36(18):49-55.
[114] 周笛,张旭方,杨周,等.采煤机牵引部传动系统动态可靠性分析[J].煤炭学报,2015,40(11):2546-2551.
[115] 张义民,张睿,朱丽莎,等.采煤机摇臂动态特性及影响因素分析[J].振动与冲击,2018,37(9):114-119.
[116] 张睿,张义民,朱丽莎,等.齿轮传动激励下采煤机摇臂振动特性[J].东北大学学报(自然科学版),2018,39(1):108-111.
[117] 易园园,秦大同,刘长钊,等.瞬态过程中采煤机机电传动系统动态特性分析[J].振动与冲击,2018,37(1):142-149.
[118] 赵丽娟,田震.薄煤层采煤机截割部动态特性仿真研究[J].机械科学与技术,2014,33(9):1329-1334.
[119] 赵丽娟,田震.薄煤层采煤机振动特性研究[J].振动与冲击,2015,34(1):195-199.
[120] 赵丽娟,宋朋,谢波.新型薄煤层采煤机截割部振动特性研究[J].广西大学学报(自然科学版),2014,39(2):265-272.
[121] 赵丽娟,兰金宝.采煤机截割部传动系统的动力学仿真[J].振动与冲击,2014,33(23):106-110.
[122] 毛君,杨辛未,宋秋爽.不同举升角下采煤机振动特性分析[J].机械强度,2018,40(4):763-769.
[123] 毛君,杨辛未,陈洪月,等.不同煤岩硬度下采煤机竖直方向振动特性分析[J].机械强度,2019,41(1):20-25.
[124] 毛君,杨辛未,王冬梁,等.不同牵引速度下采煤机侧向振动特性分析[J].机械强度,2018,40(5):1017-1023.
[125] 毛君,杨辛未,陈洪月,等.不同牵引速度下采煤机竖直方向振动特性分析[J].机械强度,2018,40(6):1287-1292.
[126] 毛君,张瑜,张坤,等.采煤机截割部传动系统的非线性动力学建模及仿真[J].中国机械工程,2017,28(1):27-34.
[127] 毛君,刘晓宁,陈洪月,等.采煤机截割部传动系统刚柔耦合动力学仿真分析[J].机械强度,2017,39(5):1138-1144.
[128] 毛君,杨辛未,陈洪月,等.采煤机牵引部动态特性实验分析[J].机械设计与研究,2018,34(5):143-147.
[129] 张丹,王爱芳,陈国晶.变节距下采煤机行走机构的动力学特性[J].黑龙江科技大学学报,2016,26(6):669-674.
[130] 张丹,田操,孙月华,等.销轨弯曲角对采煤机行走机构动力学特性的影响[J].黑龙江

科技大学学报,2014,24(3):262-266.

[131] 张东升,于海洋,徐健博,等.采煤机截割部传动系统非线性特性研究[J].系统仿真学报,2018,30(1):249-256.

[132] 陈洪月,白杨溪,毛君,等.多激励下采煤机在行走平面内的非线性振动特性分析[J].机械设计与研究,2016,32(2):166-170.

[133] 陈洪月,白杨溪,毛君,等.工况激励下采煤机7自由度非线性振动分析[J].机械强度,2017,39(1):1-6.

[134] 陈洪月,杨辛未,毛君,宋秋爽,袁智.滚筒实验载荷采煤机斜切工况下振动特性分析[J].振动.测试与诊断,2018,38(02):240-247+414.

[135] 陈洪月,张坤,王鑫,宋秋爽,毛君.基于滚筒实验载荷的采煤机滑靴动力学特性分析[J].煤炭学报,2017,42(12):3313-3322.

[136] 陈洪月,刘烈北,毛君,等.激励与滚筒振动耦合下采煤机动力学特性分析[J].工程设计学报,2016,23(3):228-234.

[137] 陈洪月,焦思维,张坤,等.实际工况下采煤机行走机构的啮合应力与疲劳寿命研究[J].机械强度,2018,40(6):1456-1462.

[138] 陈洪月,白杨溪,刘占胜,等.随机激励下采煤机行走方向的振动特性分析[J].机械设计,2017,34(2):39-44.

[139] 陈洪月,张坤,田松,毛君,宋秋爽.斜切工况下采煤机销排导向滑靴模态与寿命分析[J].煤炭科学技术,2017,45(04):82-88.

[140] GREENWOOD J A, WILLIAMSON J B P. Contact of nominally flat surfaces[J]. Proceedings of the Royal Society of London Series A, 1966, 295(1442): 300-319.

[141] 赵永武,吕彦明,蒋建忠.新的粗糙表面弹塑性接触力学模型[J].机械工程学报,2007,43(3):95-101.

[142] WANG S, KOMVOPOULOS K. A fractal theory of the interfacial temperature distribution in the slow sliding regime: part II—multiple domains, elastoplastic contacts and applications[J]. Journal of Tribology, 1994, 116(4): 824-832.

[143] 朱林波,梁洪瑀,张瀚文等.考虑宏微观几何形貌的螺栓连接结合面接触性能模型[J/].西安交通大学学报,2024,2(27):1-11.

[144] JOHNSON K L. Contact mechanics[M]. Cambridge[Cambridgeshire]: Cambridge University Press, 1985.

[145] 朱育权,马保吉,姜凌彦.粗糙表面接触的弹性、弹塑性、塑性分形模型[J].西安工业学院学报,2001,21(2):150-157.

[146] 魏龙,顾伯勤,冯秀,等.机械密封摩擦副端面接触分形模型[J].化工学报,2009,60(10):2543-2548.

[147] 李小彭,鞠行,赵光辉,等.考虑摩擦因素的结合面切向接触刚度分形预估模型及其仿真分析[J].摩擦学学报,2013,33(5):463-468.

[148] 戴德沛.阻尼减振降噪技术[M].西安:西安交通大学出版社,1986.

[149] 姜来.机械结合面切向接触参数理论研究[D].太原:太原科技大学,2014.

[150] 雷敦财,唐进元.一种面齿轮传动时变啮合刚度数值计算方法[J].中国机械工程,

2014,25(17):2300-2304.
[151] 谢苗,闫江龙,毛君,等.采煤机截割部振动特性分析[J].机械强度,2017,39(2):254-260.
[152] RAVN P. A continuous analysis method for planar multibody systems with joint clearance[J]. Multibody System Dynamics,1998,2(1):1-24.
[153] 白争锋,赵阳,赵志刚.考虑运动副间隙的机构动态特性研究[J].振动与冲击,2011,30(11):17-20.
[154] 张学良.机械结合面动态特性及应用[M].北京:中国科学技术出版社,2002.
[155] 孟金锁.高档普采采煤机进刀方式研究[J].煤炭科学技术.1992,(11):31-35.
[156] 王春红,马海涛.滚筒式采煤机斜切问题探讨[J].煤矿机械,2013,34(11):87-88.
[157] 王永建,侯金平.采煤进刀方式对缩短循环时间的影响分析[J].煤炭工程,2007,39(7):63-65.
[158] 李晓豁,沙永东.采掘机械[M].北京:冶金工业出版社,2011.
[159] 刘建功,吴森.中国现代采煤机械[M].北京:煤炭工业出版社,2012.
[160] 李强,张明玉.采煤机斜切进刀工况下空间力学模型的建立[J].煤矿机械,2016,37(4):74-76.
[161] 杨瑞锋,李玉标,周海峰,等.采煤机导向滑靴的材料研究[J].煤矿机械,2014,35(4):71-72.
[162] 申磊,徐明昱,周海峰,等.采煤机摇臂壳体材料分析与研究[J].煤矿机械,2011,32(10):64-65.
[163] 翟国强,杨兆建,王义亮,等.采煤机破碎装置锥销轴优化分析[J].煤矿机械,2011,32(5):80-82.
[164] 王淑平,杨兆建.大型采煤机滑靴磨损机理分析[J].煤矿机械,2010,31(9):71-73.
[165] 赵丽娟,李明昊.基于多场耦合的采煤机摇臂壳体分析[J].工程设计学报,2014,21(3):235-239.